正思维

获取财富、成功和健康的秘密

[美] 华莱士 · D. 沃特尔斯◎著

张继伟◎译

当代世界出版社

图书在版编目（CIP）数据

正思维：获取财富、成功和健康的秘密 /（美）华莱士 · D. 沃特尔斯著；张继伟译 .—北京：当代世界出版社，2013.10

ISBN 978-7-5090-0718-1

Ⅰ. ①正…　Ⅱ. ①华…　②张…　Ⅲ. ①成功心理－通俗读物　Ⅳ. ① B848.4-49

中国版本图书馆 CIP 数据核字（2013）第 195777 号

北京市版权局著作权合同登记号：图字01-2013-6634号

正思维：获取财富、成功和健康的秘密

作　　者：[美] 华莱士 · D. 沃特尔斯
译　　者：张继伟
出版发行：当代世界出版社
地　　址：北京市复兴路 4 号（100860）
网　　址：http://www.worldpress.org.cn
编务电话：（010）83907332
发行电话：（010）83908409
（010）83908455
（010）83908377
（010）83908423（邮购）
（010）83908410（传真）
经　　销：新华书店
印　　刷：北京普瑞德印刷厂
开　　本：710mm × 1000mm　1/16
印　　张：12.5
字　　数：150 千字
版　　次：2013 年 10 月第 1 版
印　　次：2013 年 10 月第 1 次
书　　号：ISBN 978-7-5090-0718-1
定　　价：28.00 元

目录 the Wisdom of Wallace D. Wattles

致富法则

力量法则

健康法则

THE WISDOM

OF WALLACE D. WATTLES

致富法则

前　言

这是一本实用性而非哲理性的书，是一部实用手册，而非理论著作。本节的对象是那些以钱为最迫切需求，并且希望先富起来，再去思考个中原理的人，那些迄今尚无时间、途径和机会去对宇宙及人生真谛进行深入探究，但又想直接得到结果，愿以科学结论为依据去行动而不必了解结论的推理过程的人。

我希望读者对书中的基本论断如同对待马可尼或爱迪生提出的关于电流运行法则的论断一样，采取深信不疑的态度，并凭借这种信念，不惧不疑地将其付诸行动，以实践来验证其真实有效。凡照此去做的人，必将成为富有者，因为书中教导所运用的是绝对科学的原理，绝无失败可言。当然，有人可能还是想在原理方面做一番理论探究，以便为其信念找到一定的逻辑基础，为此我也会引证一些权威的言论，以满足这类读者的需求。

所谓“一生万物，万物归一”的宇宙一元论，即一种物质可在世界纷繁的万事万物中得以显现的思想，最初源于印度教，近两百年来逐渐被西方思想界所接受。它是一切东方哲学思想的基础，也是笛卡尔、斯宾诺莎、莱布尼茨、黑格尔、艾默生等哲学家的理论的思想根基。读者如有意深挖本书的哲学渊源，可自行阅读黑格尔和艾默生的著作。

写作本书时，我的首要原则是确保行文的平实、简洁，使内容通俗易懂。书中给出的行动计划都是由哲学结论推导出来的，均经过全面测试，且经受了实践的最高考验，效果确凿无疑。如你想得知那些结论究竟是怎样得出的，可以去研读上述作者的著述。若你想在实践中直接撷取这些哲人们的思想果实，那么只需阅读此书并认真照着去做就可以了。

华莱士·沃特尔斯

第一章

赚钱本身并没有错

尽管人们对守贫有过各种各样的赞美，但不管怎么说，一个人如果不富有，就不可能享受真正完满或成功的生活。如果没有充足的财富，任何人都无法在才干的培养和心灵的成长方面达到自己的最高境界，因为要增长才干、放飞心灵，必须要有一定的物质手段，而要获得这些物质手段，则必须要有财力来购买他们。

人需要依靠物质手段来实现身、心、灵的发展，而按照我们现有的社会规则，要成为物质的所有者，必须首先要有钱。因此，掌握致富之道是一个人取得自身各项发展进步的首要基础。

生命的目的在于发展，每一个生命体都享有不可剥夺的获得最充分发展的权利。人的生命权就是自由地、不受限制地使用为充分实现其身、心、灵发展所必须的物质手段的权利，或者换句话说，就是富有的权利。

我在本书中所讲的富有，并不是一种比喻的说法。真正的富有不是指安于贫困、知足常乐那样的所谓精神富足。任何人，只要他有能力获得更多的财富和享受，就不应该安于贫困。大自然的旨意就是要让生命得到发扬、绽放，每个人都应拥有一切使生命更加有力、更加典雅、更加美丽、更加富足的东西。人不思富，天诛地灭。

一个人若是拥有了他想拥有的一切，而过上他所能过上的完满的生活，那么他就是一个富有的人。但是唯有有了足够的钱财，他才有可能得其所欲。生命发展至今已变得如此纷繁复杂，即便是一个最普通的人，也需要拥有大量的财富，才能过上哪怕近乎完满的生活。我们每一个人天生都希望发挥出自己最大的潜力，这种实现自我内在潜能的渴望是人与生俱来的天性，我们都会情不自禁地想要最大限度地实现自我价值。所谓成功的人生，就是自我价值能够得到充分实现。实现自我价值必须要利用一定的物质手段，而要自由地运用物质手段必须要有足够的经济实力去购买这些东西。因此，掌握生财致富之道是最重要的一门知识技能。

想发财绝没有错。对财富的向往实际上就是对更加丰富多彩、美满富足的人生的向往，是值得赞许的。一个人若对更加富足的生活没有向往，那是不正常的；一个人若不想有足够的钱去购买自己想要的东西，也是不正常的。

人的生命共有三个层面：肉体层面、心智层面、灵性层面。三者不分高低贵贱，都同样是我们孜孜以求的。身、心、灵当中无论哪一样有缺失，另两样都不会圆满。不顾身、心，一味追求灵性成长，称不上正确高尚；同样，不考虑身和灵的需要，只讲聪明才智，也是一种谬误。

我们都知道，只顾满足生理需求而无视心灵修养的活法，其结果是为人唾弃的。我们也明白，真正的生命意味着一个人从其身、心、灵散发出的全部活力都得以充分展现。一个人不管他会怎么说，只有身体的各项功能以及心智和灵性完整健全，才能拥有真正幸福和满足的人生。哪里有可实现的潜力没有实现，或该发挥的功能未能发挥，哪里就有尚未得到满足的欲望。所谓欲望就是指被压抑的潜力在寻求表达，被限制的功能在寻找用武之地。

如果没有可口的食物、舒适的衣衫和温暖的住所，如果不能摆脱过度辛劳之苦，人就无法在肉体层面活得完满。休息和消遣也是肉体生命所必需的。如果没有读书学习、没有旅行观察，或没有智者为伴，人就无法在心智层面活得完满。若要在心智层面活得完满，就要有智力性的娱乐，就要随处有可以使用或欣赏的艺术品和美的东西相伴左右。若要在灵性层面活得完满，就必须要有爱，而贫穷会让爱无法得到表达。

人最大的幸福就是对所爱之人有所馈赠。给予是最自然、最本能的表达爱的方式。如果一个人一无所有，拿不出任何东西来给予，那他就无法充当好丈夫、好父亲，也不能算是好公民、好男人。人只有通过对物质手段的使用，才能让身体获得充分享受，让心智得到真正的发展，让灵性获得彻底的张扬。因此，发财致富具有至高无上的重要意义。

想获得财富是完全无可非议的，任何正常人，无论男女，都会不由自主地渴望富有。所以，你完全有理由拿出最好的精力来认真学习这门致富学，因为这是最高尚也是最有用的一门学问。如果你对这门学问无心问津，置之不理，就等于推卸了对自己、对上帝以及对人类所应承担的责任，因为一个人对上帝以及对人类最大的奉献莫过于尽其所能，贡献全部的自己。

第二章

能否致富取决于做事的特定方式

获得财富当然有方法，而且它是准确无疑的法则，就像代数或是算数一样。某些特定的法则制约着整个获得财富的过程，一旦认识它并去忠实地遵从，就能像加减乘除运算一样得到确定的结果。

获得金钱或是其他财富来自于某种特定的行事方式，那些以这种方式行事的人，不管是有意还是巧合，总能获得财富；而那些没能利用这一特定方式的人，不管他们如何努力、如何能干，仍将身处贫穷的境地。它如同某种原因就会产生特定结果一样的自然法则，任何懂得遵循这一法则开展行动的人，都能确定无疑地收获财富。

以上论断之所以真实不虚，是因为以下的事实让我们一目了然：

致富并非环境使然，假如其受制于环境，所有人都该住在富翁的隔壁才对。一个城市的居民也该要么全部富有，要么共同贫困；大而言之，某个州的居民将会全部富有，而毗邻的州则会相对贫穷才是。

但实际情况却是，即便是处于同一环境，哪怕是同一行业，贫富差距也很大。同在一个地区、一个行业的两个人，会出现一穷一富，这说明决定贫富的首要因素并非是环境。一些人所处的环境更为有利，但与同行业的另外一些人相比，仍会表现出糟糕的经济状况，所有这些都说明能否获得财富取决于做事的特定方式。

进一步而言，能否采用特定方式行事并不需要独一无二的天赋。有很多天资优秀的人一世贫穷，而很多天分不高的人却会非常富有。仔细研究那些拥有财富的人，我们会发现他们在所有方面均无异于常人，没什么特别高的天赋和能力。不要错将成功归结于他们拥有那些超乎常人的本领上，他们只不过刚好按照特定的方式做事罢了。致富也并非是靠节俭，很多吝啬鬼也会穷得可怜，反而是那些出手阔绰的人常常更为富有。另外不要把财富归因于一些人做到他人无法做到的事情上，同一行业的两个人往往会开展同样的行动，但结果却是贫富悬殊，甚至其中的一位还会走向破产。

所有的一切都在证明一个结论：获得财富是以某种特定方式行事所带来的结果。如果某种方式会带来财富，就像原因会产生特定结果一样，那么任何人都可以借此让自己变得富有，整个过程都处于精确科学的规制之内。

接下来的问题是，这一特定方式是否难度过大，以至于只有少数人能做得到呢？答案并非如此。正如我们所看到的，它只需要非常普通的能力就能实现。天才和傻瓜能够致富，智力超群和智力平平的人能够致富，身体强健和柔弱多病的人也都能够致富。当然，一定程度的思考和理解能力是必需的，但只要一个人能读懂这些文字，他就能获得财富。环境并不是问题，地理位置会起到一定的作用，毕竟，一个人不能指望深处撒哈拉沙漠的腹地还能成就一番事业。

致富需要与人打交道，而且需要确定与人交流的地点，如果他们能认同你打交道的方式，那就再好不过了。

只要你住的镇子上有人发了财，你就能；如果你的国家有人成了富翁，那么你也可以。而且，能否发财，不在于选择做什么买卖或从事什么行当，样样生意都能火，行行都能出大款，而大款隔壁的同行可能依旧是个穷光蛋。诚然，如果你干的正是自己喜欢的可心的行当，会做得更加投入；如果你有一技之长，那么在对口的行业里更容易施展才干。还有，因地制宜，生意会做得更好。比如对于卖冰淇淋的小贩来说，在气候温暖的地方肯定要比在冰天雪地的格陵兰生意好；而对捕捞马哈鱼的渔民来说，在西北海岸肯定要比在佛罗里达收获大，因为佛罗里达根本就没有马哈鱼。

但是，除去以上粗略的限定条件外，致富不会取决于你从事哪些行业，而是取决于你是否能够用特定的方式行事。如果周边还有一些人从事你所从事的行业，而你却没能发财，原因只能归结于你没能采用那些成功人士做事的方法。一个人不会因为缺乏资金而丧失致富的可能，当然，如果你资金充裕，挣钱会变得更加简单和迅速，但那些资金充足的人早已经富有了，哪还会需要考虑如何挣第一桶金呢？

不管你的经济状况有多么困难，只要开始改变做事方式，你就能变得富有，手里开始聚财，开始你的致富之路，这是特定方式带来的必然结果。你可能是地球上最贫穷的人，身负巨债；你可能没有朋友，没有任何影响力和资源，但如果你能用这种方式做事，你就会毫无悬念地变得富有。你能够要财得财，你的事业能步入正轨，你能找到适合你的位置，而这一切都取决于你能否在现有条件下运用带来成功的特定方法。

第三章

机会从来都没被垄断

没有谁是因为被剥夺了致富的机会而一贫如洗，财富不是被人圈在篱笆里垄断起来的。可能有些领域是对你关闭，无法涉足的，但总有别的领域向你敞开大门。或许要想取得对庞大的铁路系统的控制的确不那么容易，那个领域垄断性是很强的。不过电气铁路正方兴未艾，其中蕴藏着大量的创业机会。而且，不出几年，航空运输业就会蓬勃发展起来，其众多的分支产业将为成千上万乃至上百万的人提供就业机会。所以，何不将目光转向航空运输，而偏要与詹姆斯·希尔等铁塔大亨在蒸汽机车的世界里死拼呢？

如果你是一名钢铁企业的产业工人，要想成为企业老大的机会无疑是非常渺茫的。但假如你能用特定方式开展行动，你就能很快离开钢铁行业，你可以买上一块 10~40 英亩的土地从事食品生产。对于那些致力于土地耕种的人来说，目前的机会更是无限，他们必定会变得富有。你也许会说弄到一块地是不可能的，而我将会证明给你看，那并非是不可能的，只要你能遵循特定的方法，你就能坐拥一块土地。

受大众整体需求的推动，以及特定阶段社会变革所达到程度的影响，机会的大潮会在不同时代有不同朝向。在当今的美国，风向正对农业及相关产业有利，给农民供应物资的商人遇到的机会比工厂原料提供商要多，为农民服务的从业者也比服务工人阶层的从业者面临更多的机会。对那些能顺应时代大潮而不会逆势而行的人来说，无数的机会正等待着他们。

所以，作为工厂工人，不管是个体还是一个阶层，他们没有被剥夺任何机会。他们没有受到雇主的压制，他们并没有因为资本的水平而处于底层，就一个阶层而言，他们因为自己所行事的方式而决定了自己所处的位置。如果美国工人都能学习一下比利时或者其他国家的同行兄弟，建立自己的百货商场或是联营产业，选举自己的行业代表来参与政治，制定有利于联营产业的法律，那么用不了几年，他们就能和平地接管整个工业领域。

当工人阶层学会开始用特定方式行动之时，他们就成为了自己的主人。这一财富法则对包括他们在内的所有人都是适用的。他们必须明白这个道理，否则重复不变的套路只会让自己毫无发展。就单一工人来说，如果能跟得上时代的脉搏，他也不会被阶层的整体无知和惰性所压制，他同样能够取得财富。本书就是传授这一方法的。

没有人会因为财富供给不足而陷于窘迫，现有的财富对所有人来说都是绰绰有余的。光是全美国的建筑材料就能给每个家庭建造一栋比华盛顿国会大厦还要壮观的皇宫。经精心培育，收获的棉、麻、丝足以让每个人衣着华丽得如同所罗门王，食物则足以让所有人过上奢华的生活。

可见的供给就已经不计其数了，而那些尚未发掘的就更是无穷无尽了。这个世界上你看到的所有东西都来源于同一物质，从中诞生世间万物。新的事物还在产生，旧的事物正在消失，但凡此种种无不是同一物质的表征。这种“无形物质”或“源物质”化作万物，组成了浩瀚的宇宙，而且不仅如此，它还充斥、渗透进所有可见宇宙事物当中，数量要比已化作的事物多上成千上万倍，我们永远不能穷尽其使用。

因此，一个人不应将穷困归咎于自然的贫瘠、所处环境资源的稀缺。自然中蕴含着无尽的财富，它的供给是永远不会处于缺货状态的。源物质带有创造性的力量，它无时无刻不在创造新的形态。如果土地资源枯竭，食物和衣物失去赖以产生的基础，现有土地就会得到翻新或是开垦出新的土壤。如果世界上的金银开采一空，而人们仍对其有大量需求，那么无形物质就会产生更多的金银。无形物质总是会回应人类的需求，它不会让我们丧失任何美好的事物。

这在人类大的范围而言已被证实，整个种族常常是富有的，如果里面的某个个体比较贫穷，那是因为他没有遵从特定的致富方式。无形的物质是充满智慧的，它是一种会思考的物质，它是鲜活的，它会推动更多的生命发展。

寻求更大的生存空间是生命所具有的自然而内在的推动力，它是智慧生命扩充自身的自然属性，所有生物都在扩大自身边界并寻求更充分的表现。宇宙的生命形态是无形生命物质所创造的，它化为有形是为了更充分地表现自身，整个宇宙就是一个伟大的生命存在，它也在追随天性去创造更多的生命体并实现更全面的功能。自然是为生命发展聚合起来的，它最迫切的动机是发展生命，基于这一原因，所有能为生命服务的物质都会被无限制地供应，短缺是不可能出现的，除非上帝要和自己作对，毁掉他全部的成果。

即便无形资源掌握在按照特定方式思考并行动的人的手中，你也不会因为缺少财富而陷于困苦，接下来我要进一步证明这一事实。

第四章

用特定的方式去思考

思想是唯一能将无形物质转化为实际财富的力量，用于创造万物的物质具有思考的灵性，它所具有的思想形态产生形态本身。源物质根据其思维不断发展，自然中你所看到的每种形态和过程都是源物质活生生的外在表达。当无形物质想到形态，它就会表现出该形态；如果无形物质想到行动，它就会化为行动，这是所有物质得以产生的途径。我们生活在一个有思想的世界中，而它又是灵性宇宙的一部分。不断发展的宇宙通过无形物质来取得不断扩展，灵性物质也在沿着这一思路发展，化成并维持着壮阔的行星系统。这种会思考的物质就是按照想法来化作不同形式，采取不同行动。

于是，当想到环绕的太阳系，无形物质就能化作行星并按想法运转。当它想到缓慢生长的橡树，它就会相应转化为树木，即便要花费它很长的时日。在创造的过程中，无形物质似乎在沿着它所确定的动态线条发展。化作橡树的念头不会立即产生一棵参天大树，但它却开启了产生橡树的力量，确定了一条发展的主线。灵性物质所具有的每个形态念头，都会创造出该形态，但常常或至少大体而言，同时伴随着业已确定的发展和行动路线。

拿建造房子的想法来说，如果作用到无形物质之上，即便不会立即形成整栋房屋，但它将调动业已存在于交易当中的创造力量，注入快速建屋的渠道当中，如果不存在创造力量得以发挥作用的渠道，那么房子将借助原始物质直接进行建造，而不去等待有机和无机的世界缓慢进程。没有一种想法能不靠催生创造形式来作用于源物质之上。

人类是思想中心，可以产生想法，他能用手创造出的所有形态无不首先存在于意识当中，只有想到一个事物他才能塑造出来。但迄今人们主要将精力放到双手上，单凭应用手工劳动来改变世界的已有形态，却忽视了通过将想法作用于无形物质来创造新的物质形态。当一个人的想法初具雏形时，他总是从自然中就地取材，然后制造出脑海中浮现的形象，却在同无形智慧合作。人们用手工劳动来重新塑造已有事物，却从不关心是否能够通过同无形物质的沟通来创造物质。本书要证明他需要这样做，每个人都能做到这些，而且告诉你怎么去做。

作为迈出的第一步，我们必须要先提出三个基本论断。

首先，我们认定存在某种无形的源物质，由它来诞生万物。貌似千差万别的客观存在发端于同一物质，自然界的五彩缤纷，脱胎于同一事物。这种物质具有思考的性质，它所具有的思维属性产生代表其属性的形态，无形的想法诞生形体。人类是思维的中心，能够产生原创想法，如果人能将其想法同源物质相沟通，他就能创造或是转化出他所关注的物质。

简而言之，所有的事物都是由某种思维物质产生的，而且这种物质弥漫、渗透、充斥着宇宙中的每个角落。被该物质所包含的想法会产生反映想法本身的物质实体。人能够凭借想法构思事物，而通过将想法作用到无形物质上，就能让观念中的事物变为现实。

有人或许会质疑我能否证明以上结论，其实无需详细剖析，凭逻辑和经验就可以确证无疑。从表征和思想的现象来论证，我得出一种思想源物质，从这种源物质出发，我进一步得出结论，人能使他的想法成形。

通过实验，我同样发现论证的正确，而且它是我最有力的证据。如果有读者在阅读本书后按照书中所教给的方法获得财富，无疑也将证明我的论断。只要过程中不出现失败的案例，理论就是正确的，而过程是不会失败的，因为每位实践书中所教导的人都会变得富有。

我曾说过人们是靠特定的行事方法变得富有的。要做到这些，他首先要能用特定的方式去思考。一个人的行事方法是他思维方式的直接结果，想要用你希望的方式做事，必须掌握相应的思维方式，这是迈向成功的第一步。去思考那些你想要思考的东西，就必须透过表象而直达实质，每个人都有着与生俱来的能力去思考那些他希望思考的事物，但要做到这一点，就要付出思考事物表征所需的更大努力。根据外表去思考是容易的，不去关注外表而考虑实质则更为艰难，需要付出远比常人更多的努力。

对人们来说，再没有比让他们持续思考更难接受的事情了，它可谓是世界上最艰难的工作，尤其在实质与表象对立的时候，就更是难上加难。可见世界的每个现象都会在观念中产生一个对应的形象，只有牢牢地把握住实质，才能不为其所动。

紧盯着疾病不放就会在脑子里产生疾病的形态，并最终让疾病在你身体内产生。除非你能把握对实质的看法，认识到没有疾病，疾病只是表征，实质恰恰是健康。紧盯着贫穷也会同样在观念中产生相应的状态，除非你也能认识到本没有贫穷，只存在资源过剩。被疾病包围时认识到健康，在处于貌似贫穷中时想象财富，能做到这一点需要能力，但掌握了这一能力的人就能成为心智大师，他能战胜恐惧，拥有他想拥有的一切。

只有牢牢地把握住现象之后的基本事实，才能获得这一能力，而这一基本事实就是客观存在一种生发万物的思维物质。每个可以控制该物质的想法都会化为有形之物，人们能将想法作用于思维物质之上，让想法最终得以变为现实。

一旦我们意识到这些，就会抛弃所有的怀疑和恐惧，因为我们知道自己能创造自己想要的一切，得到想要得到的一切，成为想要成为的一切。作为取得财富的第一步，你必须相信本章前部分提到的三个基本结论，而且为了加深你的印象，我还要再次重复一遍：

有一种思维物质创造了万物，它以其最原始的面貌弥漫、渗透、充斥着宇宙空间。被该物质所包围的想法，将会产生该想法所对应的事物。人类能在观念中构造事物，通过将想法作用于无形物质之上，就能产生他想要获得的物质。除了这个一元论的想法，你必须将所有其他关于宇宙的概念放到一边去，你必须仔细思考该理论直到让它深深扎根于你的脑海，成为你思维习惯的一部分。

你要一遍一遍地阅读上述信仰陈述，牢牢地记住每个字，仔细思考直到确信你明白了它的含义。如果有任何一丝的怀疑，要马上带着自责把它抛在一旁。不要去管那些质疑上述理论的争论，不要去听对立理论的演讲或是布道，不要去读存在其他见解的图书报刊，所有的这些会让你的努力前功尽弃。不要去问理论真实性的原因，不要去想一切何以发生，只管理所当然地接受它即可。实践致富法则始于完全接受这一信条。

第五章

摆脱竞争意识

你必须要摆脱陈旧的观念，不要将贫穷归结于命运。灵性物质化作万物、充斥万物，而且就同你生活在一起，它是一种有意识的活性物质，而作为有意识的活性物质，它就同样具有任何生物与生俱来的本质，即去求得生存条件的不断改善。任何生物都在寻找更大的生存空间，因为就生长的行为来说，它必须获得自身生存质量的增长。

一粒种子落入土壤，开始生根发芽，通过生长产生数以百计的种子，生命通过成长复制了自身。不断增多是生命的本质，它适用于所有生物。智慧也遵循同样的不断增长的原理，我们产生的每个念头得以产生另一个想法。意识在不断膨胀，我们认识到的每个事实会引导我们去认识另外一个事实。知识在不断增长，我们培养的每一种才能会鼓动我们培养下一种才能。我们承载着生存的动力，不断地寻找表现，使得我们不断地去学得更多，做得更多，并取得更大的成就。

要想学得更多、做得更多、获得更大的成就，我们必须占有更多的资源，我们必须有可供使用的事物来学习、做事、获得成就。我们必须变得富有，来让我们生活得更加充实。

获得财富的欲望不过是追求更大生活空间的能力，每个愿望都有付诸行动的未知可能，它是寻求愿望所反映的事物的力量。追求更多财富和促使树木生长的动力是一样的，都是生命在寻求更全面的表现。

独一无二的活性物质也要遵循这一生物法则，它同样追求更好的生存质量，因此它才有创造万事万物的必要。源物质希望你获得更加充实的生活，因此它希望你拥有所有可以使用的一切。你该变得富有，这是上天的安排，之所以希望你占有财富，是因为上天希望通过你来更好地展示它。如果你能自由地支配生活，它就能表现得更加丰富多彩。

宇宙希望你拥有你想拥有的一切，自然友善地对待你的每一个计划，每样事物都在自然而然地等待着你，下定决心相信这些吧，但也要记得，你的愿望必须符合源物质的性质，你必须要过一种真实的生活，而不仅仅是过一把想法的瘾。生命是行使能力的表现，只有一个人发挥他的体质、心智、灵魂上的每一种平凡能力，他才能真正地享受生活。

我不希望你致富是为了过上粗野放纵的生活，满足野兽一般的感官欲望，那不是生活。但让感官功能得以展现也是生活的一部分，一个人不能排斥身体自然而健康的表现需要。你也不应该将致富的目的局限在享受心智的快乐、满足野心、超过他人、具有卓著的声望上。人生应该是全面的，只单纯追求精神快乐的生活是不完整的，他也绝对不会对此感到满足。同时也不希望你单纯为他人而致富，只是享受慈善和牺牲的快乐，在拯救他人的同时最终迷失自我。心灵的快乐只是生命的一部分，它并不比其他动机更好或是更高尚。

你想变得富有的目的是让你在恰当的时候满足物质和快乐的需要，让你身边围绕着美丽的事物，让你面向未来精神充实，发展你的心智，让你能爱人、能行善，让你在帮助世界发现真理的过程中扮演应有的角色。

极端利他主义并不比极端自我高尚到哪里去，二者都是错误的。不要认为上帝希望你为了他人而牺牲自我，凭此来保存他人的利益，上帝不会这么考虑的，他所需要看到的是你能充分发挥自我的潜力，为了自己也为了他人，通过发掘自己的潜力让自己能帮助别人，而要做到这些只能靠取得财富，所以，将你的首要和最佳想法放在获得财富上是无可厚非而且值得赞许的。

但还要记得，源物质是为所有人服务的，它的行进轨迹总是从更多渐至无穷，它不会只为少数人服务，它一视同仁地为众生寻求财富和生活。灵性物质会为你创造事物，同时不会攫取他人来放到你的面前，你必须摒弃残酷竞争的念头。你是在创造，而不是掠夺那些已经创造出来的，你的占有无须牺牲他人的利益。你不必讨价还价、不必欺骗或揩油，你不必靠压榨他人生活，你无须觊觎他人的财富，或是看着他人所拥有的垂涎三尺。别人能拥有的你也一定能有，而且无须巧取豪夺。你要成为创造者，而不是竞争者。你会得到你想要的，而且与此同时，也能让他人的占有取得增加。

我知道很多有钱人会对上述结论持否定态度，在此我要进一步解释，一些富豪确实单凭他们过人的能力来取得竞争力，无意识地通过工业变革将自身同源物质的目的及运动联系到一起。洛克菲勒、卡耐基、摩根等都系统化地组织了产业经济，毫无察觉地充当了社会大潮的媒介物，他们的成就最终将使大多数人受益。

他们的时代已接近尾声，他们组织了生产，但很快就会被更大数量的组织机械分配的人所超越。这些百万富翁就像是史前巨兽，在进化的进程中扮演了必要的角色，但产生他们的力量终究会抛弃他们，而且要记得，他们从没像我们想象的那么富有，关于他们所属阶层私生活的记录表明，他们都曾过得穷困潦倒。财富不会长久地待在一处，风水总是在轮流转的。

记住，如果你想要确定无疑地变得富有，就要摆脱竞争思想。任何时候都不要认为供给是有限的，只要想到银行业者和其他什么人控制着金钱，你就要想方设法叫停这一思维进程。一旦你陷入了竞争思维的陷阱，你的创新能力就会一去不返，而且更糟糕的是，你还会阻碍业已开始的创新进程。

你要懂得，世界上还有无数的财富尚待发掘，灵性物质能创造出无数财富满足你的需要。即便需要带领千人去寻找金矿，你所需要的财富也将终会到来。不要紧盯着显而易见的供给不放，而要发现无形物质所蕴含的无尽财富，要知道，一旦你接受并且使用它们，财富就会唾手可得。没有人能靠垄断显见的供给而隔断属于你的财路。

所以，千万不要在建房前抱怨最好的落脚点都已被占；不要对托拉斯和联合企业心怀恐惧，担心它们会拥有整个世界；不要担心有些人会捷足先登，抢去你想要的一切。所有这些都是不可能的，你并非在寻求受别人支配的事物，你所需要的一切都能被无形物质所创造，而这种供给是不受限制的。

要坚信已阐述的以下观点：

存在一种诞生万物的思维物质，这种物质弥漫、渗透、充斥着宇宙中的每个角落。被该物质所包含的想法会产生反映想法本身的物质实体。人能够凭借想法构思事物，而通过将想法作用到无形物质上，就能让观念中的事物变为现实。

第六章

把思路从竞争调整为创造

当我提及你无须激烈地讨价还价时，并不是说你无须砍价，更并非无须和他人做任何交易。我的本意是指你不用以有欠公允的方式对待他人，不要占人家的便宜，而且还能让他人从你那里得到更多的回馈。

在现货市场里，你和他人对等地交换价值，但除此以外，较之你从对方得到的票面价值，你还能给对方更大的使用价值。本书包含的纸墨印刷和其他材料成本可能要低于你花的价钱，但如果其中提出的某些观点能给你带来数千美元的价值，你就没有被蒙骗，你得到的使用价值要多得多。

让我们假设我拥有一份伟大的艺术作品，它不论在哪儿都能价值数千美元，我把它带到巴芬岛，成功地诱使一位爱斯基摩人用一批价值 500 美元的皮毛来交换，在这种情况下，我就是完全地愚蒙了对方，因为再好的名画对他也是毫无价值的，不能为他的生活做任何改变。但如果我以一支价值 50 美金的枪来换他的皮毛，那他就做对买卖了。枪对他要有用得多，它会带来更多的皮毛和食物，在很多方面改善他的生活，换句话说，可以让他致富。

当你的思路从竞争调整为创造，你就能严格地审视你的商业交易，如果你卖给对方的价值远远低于他给你的对价，那么你就可以打住了。你不需要在交易中打败任何人，如果你非要斗得你死我活，那么你该马上退出这个行当。要为每个人提供高于他付给你票面价值的使用价值，让你的每次交易丰富世间的生活。如果有人为你打工，你从他们身上获得的经济价值肯定比所支付的薪酬要高，但是通过精心管理，企业充满进取提高的氛围，每名积极进取提高的员工每天都能从中受益。就像本书对你的帮助一样，你同样也能让每一位员工受益。你的事业某种程度上就像是梯子，让每个不辞辛苦的员工获得收获财富的机会，如果他不愿攀登，那是他的责任。

最后，因为你想从无形物质创造财富，它们不会自动成型后出现在你的眼前。比如你想得到一台缝纫机，那可不是光凭想象就能坐等实现的事情，你要在脑海里乐观地抓住机器的形象，确信它会属于你。想法一旦形成，就要以一种无可置疑的信念坚信机器的到来。要排除任何确信机器出现之外的想法和谈话，就把它当作已经是你的一样。

它最终会按照人类的意志，被最高智慧的力量带到你的面前。如果你住在缅因州，说不定一位从德克萨斯或是日本来的生意伙伴会给你带来你想要的，最终带来双赢的结果。

时刻要记得，思维物质无处不在，与所有的一切相互交流，也能对所有的一切施加影响。思维物质的愿望是造就更加全面的生命和生活，它创造出已经存在的缝纫机，而且还会造出成千上万台，只要人坚定自己的愿望和信念并且按照特定的方式行事。

你肯定能拥有一台缝纫机，你也必定能获得其他你想得到的东西，只要它们能提升你和其他人的生活。

不要担心你的要求是否过分，源物质愿意让你的生活尽可能地得到提高，让你能过上富足的生活。如果你确信你想占有财富的目的是为了让潜能发挥到极致，你的信念就是战无不胜的。

我曾见过一个小男孩坐在钢琴旁，徒劳地想要弹出优美的旋律，他对自己弹不出像样的曲子感到难过又气愤。我问他为什么生气，他回答："我能感受到音乐，但手指却不听使唤。"他体内的音乐就是包含所有生命可能的源物质的愿望，它希望通过这个孩子来表达自身。

源物质希望通过人类来生活、发现、享受。他说："我希望用手来建造宏伟的建筑，弹奏圣洁的音符，绘制美丽的画卷；我想用脚去实现我的使命；用眼睛去发现美；用嘴去说出一切真理，唱那最了不起的歌曲。"通过这些东西来让他们的天分发挥至极致：希望那些想要欣赏美的人被美好的事物所包围；希望那些想辨明真相的人得到游走和观察的机会；喜欢衣物的人有美丽的服饰；喜欢美食的人能够大快朵颐。一切得以发生是因为源物质本身也需要欣赏和得到它们，是它希望演奏、歌唱、欣赏、传播真理，享受锦衣玉食。

对于很多人而言，这恰恰是最大的难关所在。他们总是思路陈腐地认为贫困和牺牲才能得到上天的眷顾。他们将贫困视为理所当然的。他们认为上天已经完成它的工作，多数人受制于资源必须甘心受穷。类似的观点是如此的根深蒂固，以至于他们羞于要求财富，他们控制自己更大的需求，对一丁点的舒适就感到心满意足。

我记得曾有一个学生被教导过要了解自己想要什么，这样创造性的思维就能作用于无形物质之上。他是个穷学生，住在出租屋内，过着饥一顿饱一顿的生活。他没敢有太大的奢望，仔细考虑之后，只想为房间里添设一块地毯，在冷天能有个煤炉取暖。按照本书给出的指导，数月后他就梦想成真了。他意识到自己的要求太少，在仔细检查住所之后，他又按照理想的图景，梦想拥有凸窗和更多的房间，甚至想象装修的场景。

脑海中的画面让他开始按照特定方式生活，离自己的目标越来越近。他现在已经拥有了自己的房子，拥有按照他的想象所设计的房间。现在带着更强烈的信念，他又有了更远大的目标。他的信念造就了最终的他，这一切也同样适用于我们每个人。

第七章

用感恩将自己同财富联系起来

从上一章所阐述的内容中，读者会明白获得财富的第一步是先要把愿望传递给无形物质。事实确实如此，而且为了达到这一目的，你会发现需要将自己同无形智慧和谐地联系到一起。维护这种和谐的关系是如此的重要和关键，我必须在此稍费笔墨，为你提供一些忠告，让你的想法能和自然的意愿保持统一。

整个精神调节和统一的过程可归纳为两个字：感恩。

第一，你要相信存在一种诞生万物的智慧物质。第二，你要相信它能给你所有梦寐以求的事物。第三，你要用深切的感恩将自己同它联系到一起。

有很多人在其他方面做得很好，却因为缺少感恩而深陷贫困。上天原本赐给你一个礼物，而你却毫无觉察地切断了同它的联系。道理本来很简单：我们同财富离得越近，我们得到的财富就会越多。而另一个显而易见的道理是，那些懂得心怀感谢的人，要比从不感恩的人离上天更近。

当好事发生时，我们愈是感激造物主，就会有更多的好事发生，而且它会来得更快，原因就是感恩的精神状态能拉近观念与好事源头之间的距离。如果你是头一次听说感恩的心能让你的精神与自然的创造力更加和谐，那么仔细揣摩一下吧，你会发现这是毫无疑义的。你所拥有的一切美好事物无不遵循特定的法则方得以出现，它们让你同创造性思维和谐相处，而不会执著于竞争思维的误区。感恩会让你对所有的事物留有期待，而不会错误地认为供给是有限的，从而彻底击垮你的梦想。

只要你想得到你追求的结果，就该仔细研究一下感恩法则。感恩法则认为作用和反作用是对等、方向相反的。发端于你观念中对上天的感恩是力量的释放，它总能到达强调的地方，然后立即引发针对你自身的反作用。

而且，一旦你的感恩强烈并且持久，无形物质的反应将同样强烈而持久，你所希望得到的就会离你更近一步。没有感恩，你就无法获得其他的力量，因为它是将你同其他力量联系的纽带。感恩的价值不单单能让你的将来有好事发生，而且失去感恩，就会让你对身边的事物感到不满。

一旦你听任自己只关注身边的不满，你就不能脚踏实地了。你的全部注意力会集中在司空平常、粗鄙肮脏的事物上，将你的观念也带进同样的状态中，然后将这些印象传递给无形物质。一味关注低级事物，人就会变得低级，然后让低级事物来到你的身边。另一方面，如果你能关注那些美好的事物，那么好事就会发生在你身边，让你最终变得更好。

我们体内的创造力最终会让我们关注的事物得以产生，我们是思维物质的载体，而思维物质最终会产生它所期望的事物。感恩的心态总是关注好的，所以会产生好的结果，思维物质带有最佳事物的形式或特点，让我们收获最好的结果。

同时，信念自感恩中产生。感恩的心态持续期待好的事情发生，这种期待衍生为信念。作用于观念上的感激反作用出信念，每一次的感恩都会强化信念，不懂得感恩的人不会持久地保持信念，而没有持久信念的人就不能凭借创新思路致富，就像我们要在以下章节中提到的那样。

培养对所有美好事物感恩的习惯也就因此显得非常必要，而且要持之以恒。所有的事物都能有助于你的提高，因此你感恩的对象也应无所不包。不要浪费精力去思考、议论财阀和托拉斯的缺点和不足，它们给你带来了机遇。也没有必要为腐败的政客生气，至少这要比无政府状态下机会大幅削减要好得多。

经过长时间耐心的努力，我们工业和政府结构达到目前的状态，它的工作仍在继续当中。一旦有恰当的时机出现，财阀、托拉斯、工业巨头、政客都会随之消失，但在这之前继续存留仍不失为好事，它们都能为帮助我们收获财富铺平道路，你要对此心存感激，让自己同所有美好的事物保持和谐的关系，让所有的美好来到你的身边。

第八章

对想要的必须有一个清晰的愿景

再看一遍第六章中那个塑造房屋形象的故事，你就会对致富的首要步骤有一个大致的认识。你的大脑必须对所希望获得的有一个清楚、明确的理解，只有在概念明确之后，你才能传导它。很多人无法借助思维物质，原因就在于他们对想做的事、想要的物、想成为的人只有一个模糊、含糊的概念。

光是对财富有渴求是不够的，每个人都会有这种渴求。只是想外出旅行、见见世面、让生活丰富多彩是远远不够的，每个人也都会有同样的愿望。你在给朋友发电报时，肯定不会只发送一些字母，然后让对方组合起来。你也不会从字典里随机挑出几个，而是要发送一封语意流畅的电报。同样的道理，当你将想法作用于源物质之上时，也必须确保想法得到明确的表达。如果只是发送不成形的愿望和模糊的心愿，也就无法在行动中激发创新力，当然也就不能致富。

像第六章的年轻人检查房子一样仔细审查你的愿望，看看自己到底需要什么，能清楚地勾勒出愿望达成时的景象。脑子里要时刻牢记这一景象，就像驾船的水手清楚地知道目的港的样子一样。你一定要紧盯着它不放，正如舵手的眼睛时刻不离罗盘一样。

没有必要特别练习如何集中精力，也不需要花时间去祷告、确认或是静默不语，这并非是什么神秘的特技。你只要清楚地知道自己想要什么，而且愿望特别强烈，它就能在大脑中生根，多利用空闲时间去想一想到底想要什么，因为对于真实的需要，本来就不必去练习如何对其集中精力，那些需要你有意关注的原本不是你真正需要的。只要你真的想变得富有，有足够强烈的愿望，就能将你的思想牢牢地锁定到目标之上，否则要想让你听从本书的教导会是相当困难的。书中提出的方法是面向那些对财富有着极度渴望，其强度足以战胜一切头脑懒惰和贪图安逸的人，让他们能付出更大的努力。

你头脑中的画面越清晰、越明确，你就会对其越加着迷，更多令人期待的细节就会发掘出来，而你的愿望也会随之更加强烈，反过来让你更加容易地畅想心中的那幅画面。

但是，你要做的不仅仅是盯着美景不放，否则你只是个梦想家罢了，不会有任何完成目标的可能。在目标愿景的背后，还要有实现它的打算并用切实可行的办法表现出来，你还要有毫不动摇的信念，相信事物已经属于你，它们离你不远，一切唾手可得。

先是观念上移居新房，然后实实在在地站在新房中。在精神领域，可以立刻畅想你需要的事物，就像它们已经来到你的身边，想象自己拥有并且使用着它们。触手可及一般地想象使用时的情景，直到它们的形象已无比鲜活。接下来要用充足的信念去相信它已经属于你，牢牢地把握住这一观念所有权，一刻不放松地相信一切真实不虚。

还要记得前一章所讲到的感恩，当你想得到的一切开始成形时，要时刻对此心存感激。那些刚刚在观念上拥有某项物品就对上天深切感恩的人具有最真实的信念，他们必然会富有，能得到他们想要的一切。你不需要一而再地祈祷出现想要的事物，没有必要每天通知上天，你的角色就是要达成愿望，拥有更丰富的生活，为此要将愿望整合成为和谐的一体，再将其作用到无形物质之上，然后让它的力量帮助你成就梦想。

你凭借的不是不断重复的字眼，你要做的是带着不容动摇的决心、坚定的信念去把握住愿景。对祈祷者的回应不是根据你口中表达的信念做出的，而是对应着你的努力所体现中的信念。你不能只在安息日祈祷，告诉主你需要什么，然后在其他时间把他抛到脑后。也不能只有在密室祷告时的特别时间段才想起某项事物，其余时间则不予理睬。

口头上的祈祷也有其功效，特别是在帮助你理清愿望并强化信念上，但并不是靠动动嘴皮子就能得到你想要的，想要致富靠的不是“甜蜜祈祷时间”，而是要靠“持续不断的祷告”。祈祷的用意是坚定地把握目标愿景，目的是将创意转化为实际，而且坚信自己能够做得到，“相信你已得到它们”。

一旦你明确了目标，整个过程就会进入到接受阶段。可以进行口头的陈述，虔诚地向上天祈祷，并从此刻起在观念中接收你希望得到的，住进新房，穿戴一新，开着好车，外出旅行等。去想并且说出那些你希望得到的事物，就像它们已经存在一样，时时让自己生活在想象中的环境和经济状况中。

观念上能够做到这些造就了梦想家和实干家，坚信一切能变为现实，怀有去实现的强烈目标，记住是运用想象力中的信念和目标将科学家和梦想家区别开来。一旦明白了这一事实，你就必须相应学习正确地运用意念。

第九章

用“取得财富”的办法消除贫困

要准备以确定的方式获得财富，你无须将意志力关注到外界的任何事物，何况你原本也没有这项权利，也不要错对其他人施加意志，让他们去完成你想实现的事情。

用意志力去强迫他人和用蛮力去强迫同样罪大恶极，用暴力强迫他人为你服务可谓奴役，而用观念的办法为之则毫无差别，唯一的区别只是方法本身。暴力掠夺他人财富可谓抢劫，用意志力攫取同样具有相同的性质，即便声称“是为了别人好”也不可以，因为你不知道什么才算对别人好。致富法则不会要求你对他人使用一切力量，不管它是何种形式，没有任何这样做的必要。任何强加于别人之上的意志只会削弱你的决心，你不必将意志强加于事物来迫使它们来到你的身边。

所有的做法无异于强迫上天，结果自然是愚蠢而无用，毫无虔诚可言。一个人不能强迫上天去给他所需要的东西，就如使用意志力而使太阳升起。不要将意志力用于迎战不友善的神灵，让固执而反抗的力量为你服务，源物质对每个人都是充满善意的，与我们急于获得相对，它甚至更急于给予。要想获得财富，你唯一要做的就是将意志力作用到自己身上。

当你明白了该想些什么、做些什么，那接下来就该强迫自己去想、去做那些该做的事情，这才是运用意志去梦想成真的成功之路。用你的意念来让自己用特定方式思考并行动，不要把意念、想法、观念发散出去，错误地作用到事物和他人的身上。牢牢地在心里控制住自己的观念，才能最终给自己更多收获。用观念来塑造你想要的愿景，用信心和决心来牢牢地把握它，然后用意志力来让自己的观念持续不断地以正确的方式运转。

你的信念和决心越是坚定和持久，你获取财富的速度就越快，原因是你只对源物质施加积极作用，而不会用消极想法削弱其作用。你用信念和决心所创造的期望正被从宇宙中源源赶来的源物质化作现实。

当施加的作用不断扩展，所有的力量都将汇集起来，所有事物都被调动起来，所有的人都会不知不觉地帮助你促成愿望的实现。

但如果换成施加消极作用，情况就完全不同了。就像信念和勇气能助你实现梦想一样，猜忌和疑惑会让梦想逐渐离你远去。这就不难理解为什么很多努力希望通过“精神科学”来致富的人却落得惨败的下场。你对狐疑和恐惧的关注、心里的忧虑、内心的不信任感等都会让智慧物质每时每刻离你远去。它们要求得到唯一的信任。

正因为信念是最为重要的，你应该捍卫你的思想和信念，去让自己看到的、想到的最大程度上变成现实。能掌控自己的注意力非常关键，正是通过决定自己的注意力应该集中在何种事物上，你的意志力才得以发挥。

如果你想变得富有，你必须不去考虑贫困。事物不是依靠考虑它们的对应面而得来的，健康不是靠学习和研究疾病获得，正义也不因思考罪恶而得到推动；世界上从来没有人因为终日盯着贫穷而致富。关注疾病的医药学让疾病在增长，关注贫穷的经济学让世界充满不幸和贫困。

不要讨论贫穷，不要去研究它，或是担心自己沦入贫穷的境地。不管贫穷的肇因如何，你对此无能为力，真正值得你关心的是解决之道。不要把精力放在慈善活动中，所有的慈善工作只会让它力图消除的不幸得以蔓延。我并非是教你铁石心肠或是心地邪恶，对他人的痛苦毫无怜悯，而是建议你不能用一种南辕北辙的办法去消除贫困。要超越贫困，就要用“取得财富”的办法把它甩在后面。致富，是帮助穷人的最好办法。

此外，让脑子里满是贫穷的景象就不会抓住致富的愿景。不要去读那些有关悲惨的住户、恐怖的童工等的故事，这会让你的脑海中有挥之不去的贫困场景，而且无助于消除贫困。相反真正能消除贫困的，是让财富的印象进入到穷人的观念之中。

当你能拒绝让一切悲惨的观念进入脑海，你并非将穷人遗弃在不幸当中。要想消除贫困，靠的不是在认识贫穷上训练有素之人，而是靠越来越多的穷人能怀有致富的信念。穷人不需要慈善，他们需要激励。慈善只能带来一些面包，或是短暂的娱乐，却依然让他们生活在贫困当中；而激励却能使他们彻底摆脱贫困。如果你真的想帮助穷人，要让他们相信他们也可以富有，要靠你的富有证明给他们看。

这个世界上，消除贫困的唯一办法是需要越来越多的人能实践本书的经验。人们能懂得致富要靠创造，而并非竞争。那些靠巧取豪夺获得财富的人会让他人失去致富的机会，而用创造的办法致富，则为千万跟随他的人开辟了道路，而且带给后者以激励。

第十章

切断所有可能使愿景黯淡的观念

如果总是盯着负面的场景不放，不管它来自于客观存在还是主观想象，你都不可能获得一个清晰而真实的财富愿景。

不要去想过去的经济问题，不要去想父母遭受贫困或是你早年艰苦的日子，它们会让你在观念上沦入穷人的队伍，当然也就会影响到流向你的事物性质。

把贫困及所有与贫困有关的事物抛在脑后吧，你所接受的特定准则是有关宇宙的真理，相信它能给你带来幸福吧，为什么要让那些相反的理论使你分神呢？不要看那些总是宣扬地球末日的宗教读物，不要听那些猎奇者和悲观的哲人给你讲世界的丑恶。

世界不会越变越坏的，它只会越来越好，这是一个奇妙的过程。

没错，现在还有许多截然相反的例子，但研究这些终究消亡的事物又有何益呢？最后只会让它们离你越来越近。为什么你本可以通过加快发展的速度加速其消亡，却还要把注意力浪费在它们身上呢？不管某些国家、地区的状况有多糟糕，浪费时间去考虑这些问题不亚于自毁希望。

你要把关注点投向不断富饶的世界，要去想它即将拥有的财富，而不是逐渐摆脱的贫穷。而且要记住，你能帮助世界发展的办法是通过创意——而不是竞争来让自己致富。把你所有的注意力全部指向财富吧，不要去管贫穷，无论何时当你想起或是谈及那些贫穷的人，要在观念和言语中把他们视为即将富有的人，对他们表示祝贺而不是同情，这些人就会感知你的激励，设法改变自己的状况。

不要因为建议你要将全部时间、精力和想法投入到致富事业上去，就得出结论说要你做一个利欲熏心或是自私刻薄的人。真正的富有是人一生中真正崇高的目标，因为它涵盖了所有的追求。

在竞争的模式下，努力致富的目的是贪婪地想用力量压制其他人，但如果我们将心态调整为创新，结果就完全不同了。通过灵魂扩展、崇高的贡献，所有的一切都将得以实现。就如你身体孱弱不堪，你会发现它将制约你去获得财富，只有那些从经济困难中得以解脱的人，才能过上无忧无虑的生活，拥有健康的生活模式，达到一种健康的状态。

道德和精神上的成就只有那些能够突破竞争意识的人才能实现，也只有他们能够带着创意的念头不为低级的竞争思想所影响。如果你只关注自身的幸福，我要提醒你爱只有在文明高雅、境界更高、不受堕落思想干扰的环境下才能得到升华，这一切只能通过创意的练习才能达到，而绝不靠冲突和竞争。我再次重申，再没有比将致富作为追求而更崇高的目标了，你必须将注意力牢牢放在头脑中致富的愿景上，排斥让那愿景变得黯淡的一切。

你必须明白隐藏在所有事物内部的真理，你必须看到无论条件有多差，伟大的源物质都在设法达到充分表达并获得完全的快乐。事实上，这个世界贫穷是不存在的，只存在财富。一些人身处贫困是因为他们忽视了正在等待发掘的财富，此时最需要你通过自身实践去展示给他们致富的方法。

还有一些人之所以贫穷，是因为他们虽然认识到了出路，但是懒惰的大脑却不能发挥必要的努力去寻求并实践之。对于这些人，你要去展示获得财富所带来的快乐，激发他们的欲望。还有一些人身处贫困，是因为他们虽然掌握了一些理论知识，但却陷入形而上的谜团之中，以至于不知该走向何方。对于这些人，你则要用自身实践去指明道路，让他们知道些许实干也好过无数的冥想。你对世界最大的贡献就是发挥自己的全部潜力，让自己富有是回馈上天和他人最好的途径，当然是要通过创造性的方法而不是竞争的手段。

我们确定本书会教给你致富的详细法则，你也无须阅读任何其他类似内容的书籍了，这乍听上去是那么的狭隘和自大，但想一想，数学运算无非就是加减乘除，别无他法。两点之间只有一条最短的线，思维上也只有一种方式是科学的，沿着最直接、简单的路径才能达到目标。从没有人对此提出过更简单的体系，它已经去除了所有的非必要因素。

当你着手行动时，要把所有其他书籍丢在一边，将它们清出你的大脑。要每天阅读本书，并随身携带它，牢牢记住里面的内容，不要再去想其他的“体系”和理论，它们会让你产生质疑，动摇你的想法，然后使你步入歧途。

当你做得不错并取得成功后，你可能会有兴趣进一步学习其他理论，但建议你确信自己已经获得自己想要的之后再去阅读同类书籍，那些在前言中所提到的作者作品。阅读那些世界正面评价的有关新闻，以便和你内心的愿景保持一致。

同时你也不要去关注玄学，不要去涉猎通神学、唯心论以及同类的作品。很可能那些死去的人还在我们身边，但不管怎样，不要去管他们，处理好自己的事情就好了。不管死去的人会成什么样子，他们自有其自身的使命，有其自身的问题有待解决。我们也没有权利去过问他们的事情，我们帮不了他们，他们帮到我们的可能性也不大，何况我们也没有权利占用他们的时间。让死去的人安息吧，我们要自己解决问题，获得财富。如果你沉迷于玄学，就会让自己的观念混沌一片，让你的梦想触礁搁浅。

现在我们从本章及之前的数章中得到以下的基本观点：所有的事物都是由某种思维物质产生的，而且这种物质弥漫、渗透、充斥着宇宙中的每个角落。被该物质所包含的想法会产生反映想法本身的物质实体。人能够凭借想法构思事物，而通过将想法作用到无形物质上，就能让观念中的事物变为现实。

要做到这一点，一个人的观念必须从竞争调整到创新意识中来，他必须对想要拥有的事物有一个清晰的愿景，用坚定的决心、毫不动摇的信念紧紧地抓住它，断绝所有可能使其决心动摇、使其愿景黯淡并熄灭其信念的观念，除此之外，我们还要加上一点：他还必须以一种特定的方式生活、行事。

第十一章

借助当下的环境马上行动

思想充满着创造的力量，它会激发你创造性的活动，用一种特定方式思考将给你带来财富，但你不能单单依靠冥想而忽视了个人行动。正是因为未能将想法同行动有机结合起来，才导致诸多学识渊博的空想家一事无成。

想到和做到是两回事，人类不能光是思考，却缺乏辅助思想的行动。想法能让心中的金山朝你而来，但它不会自行开采、自动铸币，然后径直落入你的钱包中去。

而在至高精神的驱动下，很多人将会为你服务，其他人的商业合同会有利于发掘你的金矿。你必须有效整合自己的业务，以便机会到来时能够接收到它。你的思想能造就万事万物，行动能将想法变成现实，你的个人行动所处时态必须是：当你所期待的事物靠近时，你能准确地接收到它。不要把它当成慈善，不要去巧取豪夺，你必须给每个支付给你票面价值的人以更大的使用价值。

正确地发挥头脑的作用需要对目标形成一个清晰而独特的愿景，紧紧地把握住这一目标去实现你想要实现的，用感恩的信念来获得你想获得的。不要让一些其他想法分散注意，让你步入歧途，不要让这些浪费精力的行为削弱你明智的思考。

在之前的章节中，我已经详细阐述了依靠思想获得财富的过程。无形物质较人有着更强的创造生活的欲望，依靠你的信念和决心，积极地将愿景作用到无形物质之上，就能通过行动使创造性力量为你发挥作用。

你的角色不是去指导或是监督整个创造性过程，而只需要紧盯自己的愿景，坚持最大的决心，始终胸怀信念和感恩。

此外你还要按照特定的方式去行动，这样才能使用那些属于你的东西，遇到你梦寐以求的事物，并将它们物尽其用。你会发现这些话的道理。当你遇到想要的东西，它们总是属于其他人，而他们会要求得到相应的对价，你必须给出别人想要的才能得到自己想要的。你的财富手册不会自然地化作钱包，它不会未经努力就可以得到取之不尽的财富。

这就是获得财富准则的关键所在，想法和行动必须能加以结合。有很多人自觉或是不自觉地用持久的愿望将创造力发挥出来；而当期待的事物到来时，还有一些人不知如何接受，只能陷于贫穷。想法使你需要的事物向你靠拢，而凭借行动你才能接纳它。不管你如何去行动，很明显你必须现在马上行动起来，将过去的一切清理出自己的观念，同时不要指望自己的行动能作用到未来，因为未来是你无法掌控的，你无法预计有哪些紧急情况会发生。

不要因为入错了行或是环境不对就推迟行动的步伐，等待自己进入正确的环境中才去做出行动；也不要浪费时间胡思乱想未来会遇到的紧急情况，如果你把观念放在未来却行动在当下，就会分散自己的注意力，当然效果就会大打折扣。全身心地投入到当下的行动中来吧。

不要把创造的冲动传递给源物质后就万事大吉了，这样做只会让你永远无法获得它们。马上行动，只有当下才是你能把握的时间。如果你未曾做好准备去接收你想要的，你必须现在马上开始行动，而且不管你的行动是什么——极有可能同你当前的业务有关——必须作用到你当下所处环境中的人和物上来。

你只能在你所处的环境中开展行动，不要对昨天工作完成的质量自寻烦恼，把今天的工作做好即可。不要妄图去做明天的工作，当你面对它时自会有足够的时间。不要去尝试那些超自然或是神秘莫测的方法，不要去对超过你控制范围的人和物施加影响，不要指望环境自动为你改变，而要主动通过行动去改变环境。你能通过将行动作用当前所处的环境来创造一个更佳的环境，但你一定要确保全身心地开展行动，调动自己全部的精力和力量。

不要去白日做梦，紧紧把握住自己想要的愿景并马上行动起来。不要在采用一些特立独行、标新立异的方式上下太多工夫。或许你早已采取过同样的行动，但此刻用特定方式做出的行为将毫无疑问地给你带来财富。

如果你感到身处的行业并不适合自己，不要等到进入正行之后再去行动，不要感到气馁或是因入错行而意气消沉。没有人因为入错行就会找不到合适的位置或是行业，要紧盯住身处适合自己行业的愿景，用当下的行动，怀着坚定的决心、必胜的信念去争取。用当下的行业作为进入更好行业的手段，如果有着决心和信念，你对理想行业的愿景就会被超级物质带到你的身边。如果你的行动遵循特定方式，就会让你一步步靠近理想中的工作。

如果你是名雇员，感到自己必须换个地方去获取你想要的，不要指望靠想法就能获得另一份工作，而要让自己把握理想工作的样子，用信念和决心去做好当下的工作，最终你会获得想要的工作。你的愿景和信念会将其塑造成型并将其送到你的面前，你的行动将促使发自当下环境的力量带你到你想去的地方。

在本章的最后，我们要为教程继续添加结论：所有的事物都是由某种思维物质产生的，而且这种物质弥漫、渗透、充斥着宇宙中的每个角落。

被该物质所包含的想法会产生反映想法本身的物质实体。人能够凭借想法构思事物，而通过将想法作用到无形物质上，就能让观念中的事物变为现实。

要做到这一点，一个人的观念必须从竞争模式调整到创新意识中来，他必须对想要拥有的事物有一个清晰的愿景，用坚定的决心、毫不动摇的信念紧紧地抓住它，断绝所有可能使其决心动摇、使其愿景黯淡并熄灭其信念的观念，这样就可以在目标到来时牢牢地将其把握住。他必须借助当下环境中的人和物，马上采取行动。

第十二章

用有效的方式每天去行动

你必须像前些章所教导的那样去运用自己的想法，从现在就开始践行你能够做到的事情，并倾尽所能做所有你当下能做到的事情。

你能通过努力让自己的境况得以改善，而一个无所事事的人注定不会取得任何发展。世界只有靠那些加倍努力的人才能有所发展。如果没有人多做贡献，你会发现所有事物都会出现倒退。那些对社会、政府、工商业毫无价值的人如同累赘，他们必将给其他人造成拖累。世界的发展因为那些不能完全胜任所处环境的人而遭到滞后，他们应被归入到旧时代，他们只会引发腐朽的倒退。如果每个人都只在所处的范围内行事，社会永远不会取得进步。社会的进化是受体力脑力进化所指引的。

在动物世界里，进化是靠更多的生命形态产生的。当一个有机体有了更多的功能表现，它就具有了更高形式，新的物种也随之产生。如果所有的有机体固守其原有功能，也就不会有新物种可言。

这一法则也同样适用于你：能否致富取决于你能否将之前的准则应用于生活，每天或者成功或是失败，成功的一天是因为你得到你想要得到的东西。如果今天有一些可以完成的事情而你却没有去做，那么你在与之相关的问题上就是失败的，结果或许要比你想象的严重得多。

你不可能预料到即便是最稀松平常的事情所能引发的结果，你不明白所有有利于你的力量的工作机理，很多或许只是取决于你的些许举动，机会的大门就能为你打开。我们永远不得而知宇宙无限的智慧如何将我们同世间万事万物相联系，疏于去做任何小事或许都会延误你获得你想要的一切。

所以，每天去行动，当日事当日毕。

另外，对上面的一席话还是有限定要求的。并非是要你过度工作，或是盲目地在你的行业里用最短的时间完成最多的工作；也并非是让你努力完成明天的工作，或是一天之内完成一周的工作。你做了多少工作并不重要，结果取决于你做事的效率。

做事情要么成功要么失败，要么有效要么无效。

每个无效的工作都是失败的，如果你一生都在做无效的工作，那么你的整个人生必将一事无成。

如果你的行动毫无效果，你做的越多，结果反而适得其反。另一方面，每个有效的行动都是成功的，如果你能保证人生去做那些有效的事情，你的人生无疑会取得成功。

用太多毫无效果的方式行事是失败之源，而如果做出足够数量的有效行动，你就能获得财富，你会发现这是不证自明的结论。如果你能从现在开始让每一件事情富有效率，你会再次发现获得财富就像数学一样可被推导。

问题取决于你能否保证每个举动都是成功的，而这恰恰是你可以做到的，原因是所有的力量都在协助你，而这些力量是不会失败的。要想让每个举动有效，你只要将力量注入其中即可。

每次的行动力要么很强要么很弱，如果你能保证每次行动力都很强，这种特定方式的行事将为你带来财富。将注意力牢牢地盯住愿景，倾注所有的信念和决心，让你的行动变得坚定而有效。

正是这一点让很多将观念力量和行为相分离的人走向失败，他们在某时某地运用了观念的力量，但却在其他时间其他地点开展行动，这使得他们的行动毫无效果，也就没有成功的可能。但如果将所有的力量注入行动之中，不管行动是多么稀松平常，它们都会具有成功的属性，为你开启通往目标之路，使愿望达成现实的速度也就会随之加速。

记住，成功的行动产生累积的效果，所有事物中都蕴含着得到更加充实生命的愿望，当一个人开始向更高的目标冲刺时，他欲望的影响力会随之增强。所以，要每天开展行动，尽你所能地去做，用有效的方式去做。

说到在开展行动时你必须紧紧抓住自己的愿景，不管行动是多么微不足道或是稀松平常，我并非是说无时无刻都要去看清那最微小的细节。你该用你的闲暇时间来想象愿景的细节，通过沉思冥想让其附着在你的记忆当中。如果你希望快一点达成结果，用你的闲暇时间多加练习。通过持续不断的想象，目标的细节就会愈加清晰，并能牢牢地固定在自己的观念之中，也就更加完全地传导给无形物质的观念之中。在工作之时，你只需用头脑中的愿景激励自己的信念和决心，让自己发挥出最大的能力。

不断用闲暇时间去想象愿景，直到自己的意识能直觉地控制它。你的意愿会被其美好的前景激发到一定程度，使得即便是偶然所想也会唤来最强大的力量。

让我们再复习一遍学到的要点，同时加入一些我们刚刚学到的内容：

所有的事物都是由某种思维物质产生的，而且这种物质弥漫、渗透、充斥着宇宙中的每个角落。被该物质所包含的想法会产生反映想法本身的物质实体。人能够凭借想法构思事物，而通过将想法作用到无形物质上，就能让观念中的事物变为现实。

要做到这一点，一个人的观念必须从竞争模式调整到创新意识中来，他必须对想要拥有的事物有一个清晰的愿景，用坚定的决心、毫不动摇的信念紧紧地抓住它，每一天用有效的方式、尽其所能地去开展行动。

第十三章

进入你真正想从事的行业

任何特定行业的成功，无不需要发展该行业所需的能力水平。一个人没有很好的音乐水平，就不可能成为音乐教师；一个人没有足够的技术才能，他也就不可能在任何技术行业上取得成功；而如果缺乏机智老练的商业头脑，一个人也无法在商场立足。但同时，仅仅拥有特定行业所需的能力也未必能保证你获得财富，一些音乐家有着非凡的才能，但仍然贫困潦倒。我们也会经常发现一些手艺不凡的铁匠、木匠等依旧贫穷，一些商人很擅长与人打交道，最后却一败涂地。

不同的才能可谓是工具，拥有好的工具是必需的，但再好的工具也要用恰当的方式来使用。一个人能用锋利的锯子、直角尺、刨子等打造一件漂亮的家具，而另一个人用同样的工具却只能笨拙地造出不伦不类的物件。原因很简单，他不懂得如何用正确的方法使用工具。

你观念中隐藏的各种各样的才能就好比工具，你必须依靠它们去做那些能给你带来财富的工作，如果进入那些工具装备齐全的行业，成功的几率无疑会大些。一般而言，那些可以发挥你最强能力的行业会让你表现最出色，它是你天生适合的。但这一状况是有局限的，同时任何人不该认为他的工作是与生俱来、不可改变的。

你在任何行业都可以致富，因为你可以发展相应的能力，它意味着你要去发展自己的工具箱。在那些你的水平已经达到相当程度的行业中，成功会相对容易些，但别忘了你还可以在其他行业里取得成功，因为你能开发任何未被发掘的才能，没有什么才能是你天生缺乏的。

如果你从事你最适合的职业，通过努力，你会很容易地获得财富；但如果你从事你真正想从事的，最后的财富会给你带来更大的满足感。

做你想做的才是生活，如果你被迫无休止地去做那些你根本就不喜欢的事情，生活就毫无满足感可言。而且你肯定能够胜任你喜欢从事的工作，想去从事的愿望就是最好的证据，它说明你在内心深处拥有可以完成该工作的能力。

愿望是能力的反映。想要去演奏音乐是演奏音乐的能力在寻求表达和发展；想去发明机械设备是机械天分在寻求表达和发展。如果缺乏相应的能力，不管是发展还是未经发展，你都不会想要去做相应的事情。如果对做某事有着强烈的愿望，无疑说明去做这件事的能力非常强烈，需要用恰当的方式加以发展和应用。

其他方面也是同样的道理，去选择从事那些你可以发挥最好才能的行业固然最好，但如果你对从事某种特定行业有着强烈的愿望，那就该将其作为你的终极目标。你能做好你想做的事情，选择适合的并让人感到高兴的工作是一个人的特权。你没有义务去做那些你不喜欢做的事情，除非你将它当作让你从事理想行业的跳板。

如果因为过去的错误导致你身处不如意的环境或是行业中，你可能必须要去花些时间去做自己不喜欢做的事情，但你要相信自己一定会从事想做的工作。不要忙着跳槽，一般来说，更换行业或是环境最好的办法是慢慢寻求改变。当机会成熟时，一旦考虑周全，不要害怕作出突然而彻底的改变。当自己尚心存怀疑时，不要急着作出突然的决定。在创新的平台永远无需匆忙，机会总会有的。

当你走出竞争的思维模式，你就会明白自己不需要着急。没有人会去抢你喜欢的东西，机会是足够多的。如果一个机会被抢走了，更多更好的机会会出现在你的面前，时间有的是。如果你拿不定主意，那就停下来，好好想一下自己的愿景，坚定自己的信心和决心，在任何怀疑和犹豫之时，用各种办法培养感恩的心。

用一两天的时间去仔细思考自己想要的愿景，心怀最真诚的感恩之心，就会让观念和超级智慧密切联系到一起，使你在行动中不犯错误。宇宙的思维明白所有你想知道的事情，如果你有深切的感恩之心，你就能用信念和决心同这一思维紧密地结合到一起。

匆忙、怀疑、恐惧以及忘记正确的动机往往会导致犯错，一旦你进入特定的轨道，无数的机会会随之出现，你要愈加坚定自己的信念和决心，用相关的感恩同宇宙的思维保持最紧密的关系。每天要用最佳的方式去倾尽所能地工作，但不要着急、忧虑或是恐惧。全速奔跑，但不要慌忙。

记住，一旦你开始着急，你就从创造者沦为竞争者，重回到原来的老路上。任何时候发现自己行进慌张，马上叫停，把自己的注意力放在你想要得到的事物上，对你能得到它而心存感恩。勤加练习感恩的心态总能让你增强信念，并让你的决心焕然一新。

第十四章

做任何事都让对方感受到你在成长

不管你是否更换行业，你现在所做出的行为必定是和目前所在行业相关的。通过用特定方式来完成你的每日工作，建设性地利用业已成就的事业，你就能进入到理想中的行业中去。

开展业务需要同他人交往，不管是私人直接接触还是通过信函，你所做的所有努力无非是要在对方的观念中刻画增长的影响。增长是所有人梦寐以求的，它受无形物质的驱使，是后者寻求表达的反映。

增长的愿望是所有生物与生俱来的，它是整个宇宙最基本的推动力。所有人类活动都以增长的愿望为基础，我们寻求更多的食品、衣物，更好的庇护所，更多的奢侈品，更多的美、知识、快乐，总之，更加充实的生活。每一种生命都必须寻求持续的发展，一旦生命的增长结束，死亡就会随之而来。人类天生懂得这一点，所以我们总在寻求更多。追求更加丰富的生活是正常的想法，绝非罪恶而该受到谴责，它无非是单纯追求更加充裕的生活，为每个人提供一种激励。而且因为它具有最本能的属性，所有人都为之所吸引，从中收获更多的生活元素。

遵循之前各章所描述的特定方式，你正让自己不断地得到提高，同时也不断地将其辐射给你所接触的所有人。你是创造的核心，能让所有人得到提高，你一定要对此深信不疑，并将这一观念传达给身边的每个人。不管从事的交易有多么微不足道，即便是向儿童出售一根棒棒糖，也要把增长的理念灌输进去并让对方感受到。

在做任何一件事时传递发展的印象，让所有人感觉到你是一个不断发展的人，而且可以让所有周边的人取得发展，包括那些只是泛泛之交，没有任何业务来往的。只要你牢牢地把握住不可动摇的信念，坚信自己正行进在增长的道路上，让信念激励、充满、渗透进每一次行动中去。

在做每一件事时，你要坚信自己的人格得以发展，同时让每一个人得到发展。认识到自己正变得富有，同时也在让别人变得富有，为所有人共享利益。

不要吹嘘自己的成功，或是说些没有必要的话，真正的信念是无需吹嘘的。你所看到任何喜欢吹嘘的人，都会发现他的内心充满怀疑和恐惧。坚守信念并表达到每一次交易中，让每一个动作、外表、语气都让人相信你在逐渐获得财富或是已经致富，他们会感受到你在实现增长并再次为你所吸引。

你必须让别人认识到，如果他们和你接触，他们就能得以发展。较之你从他们拿走的票面价值，你给出的使用价值要更大。怀着骄傲的心做这些事，让每个人真心感受到，你就永远不会缺少顾客。人们都希望得到增长，希望获得超级智慧，让那些从无交往的人向你靠拢。你的业务会迅速增长，你会为突如其来的利润感到吃惊，你会日复一日地发展壮大，获得更大的优势，从而进入更为适合的行业。

与此同时，不要忘了紧盯着自己的愿景，用信念和决心去获得你想得到的东西。我还要在此提醒你注意动机，一定不要阴险地企图压制他人。对于那些发展尚不充分的观念来说，再没有控制他人更让人高兴的事了，为了一己之私而想要奴役他人是世界的祸根，无数王侯为了争夺势力范围而让世界洒满鲜血，这种行为不是为了让所有人收获更多，而是让其自身谋取更大的权力。

今天的工商业领域也是同样，人们统领着自己的美元大军，为了争夺权力而牺牲无数生命和心灵。工业巨头就像是政治首领一样，不断被权力的欲望所刺激，不断寻求更大的权势，妄图成为执牛耳者，可以高于一般大众。这种希望控制他人的企图仍不失为竞争的桎梏，而并非是创造性的。要想掌控自己的环境和命运，你并不需要去控制其他人及其行为。当你落入争夺高位的斗争中时，你就开始被命运和环境所征服，能否致富就只能凭借运气和投机了。

一定要小心防范竞争心态！有关创造性行动原则，再没有比托莱多的琼斯在《金科玉律》中阐述得更精准的了："我为自己所谋求的，也正是我希望与所有人共享的。"

第十五章

带着不断进步的想法去做事

我在之前各章所阐述的原理既适用于职业人士和工薪人士，也适用于那些商海精英。不管你是医师、教师还是职员，只要你能让其他人的生活得以充实而且让他们认识到，他们就会为你所吸引，你就会越来越富有。一位怀有成功梦想的医师会凭借信念和决心朝着目标不懈努力，就如之前章节描述的那样，他会与生命之源接触如此密切，让他逐渐带有成功的表征，使得病人们会成群结队地慕名而来。

医疗工作者是最容易实践本书内容的，不论他毕业于哪所学校，治疗原理是共通的。一个在医学上不断进步的人，怀有一个清晰的成功愿景，坚持信念、决心和感恩，不管使用什么治疗方法，都会治愈每个病人。世界迫切需要能教给倾听者以获得丰富生活法则的“神职”人员，他们除了要详细掌握致富法则外，还要通晓保持健康、成就卓越、获得爱情的知识，谁能传授这些知识，谁就永远不会缺少追随者。世界真正需要的真理，会让生活品质得到增长，给那些听到这些真知的人带来快乐，这些人也就会自动对那些传播知识的人表达全身心的支持。

现在最需要的是，有一位高人能来上一场有关人生准则的课，我们希望他不仅能口授我们如何去做，更希望看到他们的现身说法。我们首先希望他能够富有、健康、不凡、为人所热爱，然后由这些人教我们如何做到这一点，当他到来时，他的身边无疑会有着无数的追随者。那些能够激发孩子们怀着信念和决心去追求生活目标的老师也是如此，他们将永远不会失业。有着相同信念和决心的老师会教给学生们这些，因为作为自身生活和实践的一部分，他也会情不自禁地这样做。

同样的一切还适用于律师、牙医、房地产业者、保险业者等乃至所有人。思想与行动的结合是绝对正确的，能够坚持遵从本书指导的人会毫无疑问地获得财富，提高生活质量的法则在实践中就像是万有引力定律一样精准，致富法则是一门精确的科学。

工薪族会发现很多例子简直是他们的翻版，不要因为没有明显的机会或发展就认为自己没有可能致富，尽管薪水不高而且生活成本很高。你只要设想一个理想的蓝图，然后开始带着信念和决心去付诸行动。

每天尽你所能地去完成工作，用成功的方式去完成好工作的每个细枝末节，将成功的力量和致富的决心灌输到每一件着手的工作中去。这样做的目的不光是为了得到上司的赏识，而且他们也未必会这么想，一个人就该是一个优秀的工作者，用他的最大能力来体现工作的价值并为此获得满足感，借此体现对雇主的价值，而不是为了迎合雇主获得提拔。简言之，他的价值远高于所处的实际位置。

必定能够取得进步的人是那些具有胜过目前位置的价值，对他的愿景有着清晰的概念，知道自己能成为什么样的人而且坚信自己必定能够梦想成真者。不要试图用取悦雇主来适应目前的位置，而要带着提升自己的观念去做事。工作前、工作中乃至工作后要带着信念和决心，让每一个和你有接触的人，不管是领班、工友还是熟人，都能感受到你身上散发出来的决心的力量，让每个人都能感觉到你正在不断地进步。人们会为你所吸引，如果当前的工作已经没有上升空间，你会很快获得另一份工作机会。

对于那些不断发展并服从法则的人来说，无形的力量总能给他们带来机会。如果你用特定方式行事，你就会得到天助，因为上天不过是在帮助它自己。无论什么环境、情势都不会压制你，如果你在钢铁业不能致富，你可以转向农业。如果你开始按照特定方式行进，你就会摆脱钢铁业的束缚，在农业或是其他你理想的行业中施展拳脚。

只要有几千工人开始按照特定方式行事，整个钢铁业就会处境艰难。要么必须给予工人更多的机会，要么就此歇业。没有人必须为托拉斯工作，但只要这些人还对致富法则熟视无睹或是懒于实践，托拉斯就会将这些人困在无望的境地中。

开始应用这一种思维和行动方式，你的信念和决心就会很快为你指明改善条件的机会所在，那是因为运作于无形物质之内的超级智慧会为你服务。不要坐等一劳永逸的机会出现，只要有能够充实现状的机会出现，就要牢牢地把握住它，将其作为通往更大机会的第一步。对一个不断发展的人而言，这个世界总有着无限的机会。

宇宙所蕴含的规律在于，所有的事物都能为人所用并为其利益服务，一旦一个人能够用特定方式思考并行动，他必定能获得财富。所以，每个工薪阶层的人都该好好读一下这本书，带着信心去实践书中的指导，结果不会让他们失望的。

第十六章

失败，是因为你要求得还不够多

恐怕很多人会对世上居然有致富法则的说法嗤之以鼻，他们相信世界上的财富是有限的，在一定数量的人具备某种能力之前，他们坚持社会和政府结构必须发生变革。

然而，这些观点是错误的。

诚然，现存的政府让很多人身处贫穷，但主要是因为大多数人还不知道如何用特定方式思考和行动，如果这些人按照本书的建议行事，没有任何政府或者行业体系能够限制他们，相反，所有的体系都会自我改变来顺应社会潮流。如果每个人都拥有发展的思维，拥有必将富有的信念，并带着必将富有的决心前进，没有什么能让他们一直贫穷下去。

无论何时、何种政府体制内，每个人都能随时实践特定方式并变得富有。如果有相当数量的人这样做，他们就会促使政府制度随之改变，继而为他人开启新的道路。如果越来越多的人持有竞争观念，那么其他人的境遇将会越来越糟；而如果越来越多的人走上创造的平台，其他人的生存条件也会随之改观。改善大众的经济状况要靠一部分人通过实践本书理论来变得富有，他们会为其他人指明道路，激励后者获得对真正生活的渴望，坚信它能够成为现实，并决心去努力获得。

到此为止，我们明白了无论是政府还是充满竞争的行业都不能阻止你获得财富。一旦你的思想插上创意的翅膀，你就会转而成为另一个王国的公民。不要忘记你的想法必须牢牢地附着在创意的平台上，任何时候都不要认为供给是有限的，不要有任何竞争的举动。

不论何时，一旦你重回旧式思维的桎梏，马上纠正自己。因为产生竞争思维意味着同无限智慧失去合作。不要在盘算未来可能遇到的危机上浪费时间，除非必要的预案会对目前的行为产生影响。你真正要关心的是是否用成功模式完成今天的工作，而不是那些将来产生的种种危机，等它真的出现时再予以应对就是了。

不要让自己担心如何对付事业上可能出现的障碍，除非你明白地发现要想避免这些麻烦必须改变今天的进程。不管一个问题看上去有多么高不可攀，只要你按照特定方式行事，当你向它靠拢时，你会发现它会消失殆尽，或是出现转机。对于严格遵循致富法则的人而言，没有什么潜在的环境能够打败他，没有什么能够阻碍他获得财富，这一切就像二乘以二等于四那样确定无疑。

不要对可能的灾难、困难、苦痛或是令人不快的环境表示忧虑，在它们出现之前会有足够的时间去应付，而且你会发现克服每个困难后都会得到相应的奖励。

留意你的言语，永远不要用沮丧的语气谈论自己、自己的事情。永远不要承认失败的可能或是让人觉得失败可能会出现。不要谈论时日艰难、生意难做，时日艰难、生意难做是因为有些人采用竞争的手段，但这些对你是不适用的，因为你能创造出你想拥有的，你能超脱恐惧。在他人日子艰难、生意惨淡之时，你能从中找到属于你的巨大机会。

训练在观念和视角中将世界看作是不断发展和进步的，那些丑恶的事情不过是未被发展而已。要从进步的角度来谈论、解决问题，否则就意味着失败。不要让自己感到失望，你可能会期望在某时拥有某件事物，但如果一旦届时没有得到，对你来说这似乎是个失败，只要你保持信心，你会发现失败不过是个假象。继续按照特定方式行进，即便你没有得到它，你也会得到更好的，表面的失败实际上是一次巨大的成功。

一位学习过致富法则的人下定决心从事他梦寐以求的事业，他为此付出了十倍的努力。但一段关键的时期随之而来，事情总是莫名其妙地失败，似乎有种看不见的力量在与之作对。但他没有悲观失望，相反，他依旧感谢上天对愿望施加影响，怀着感恩的心继续前行。几周之后出现了更好的机会，这让他懂得，无限智慧有意地用较小的利益来考验一个人，是为了防止让他失去更好的。

只要你坚持信念、把握决心、心怀感恩，用成功的方式做好每一天该做的事情，每一次的失败都将为你服务。如果你遭遇挫折，那是因为你要求得还不够多，继续前行，更大的梦想就会变成现实。记住这一点。

你不会因为缺少成就梦想的能力而失败，如果你按照书中的指导前进，你就会逐步发展成就梦想所需的一切。培养能力的内容超出本书的范畴，但它同致富理论一样确定而简单。永远不要向缺少能力的恐惧感到犹豫和动摇，只管努力，到达指定地点后，你自然会具有相应的能力。

让从未接受教育的林肯成就不朽的能力之源同样为你敞开着，你可以调动思想来使用所有的智慧去完成自身的责任。

满怀信心地上路吧，仔细研读本书，让它陪伴你直到你已经完全掌握书中的要点。当你对书中观点深信不疑时，你会逐步放弃大部分的娱乐和消遣，远离那些观点相左的训诫和布道。不要去读那些让人悲观、纠结的作品，也不要去就此发表评论。要多花些时间去构想你的愿景，培养感恩的心，勤加阅读本书。本书已经包含全部你想获得的致富理论，下一章将为你总结和呈现所有的要点。

第十七章

致富法则纲要

所有的事物都是由某种思维物质产生的，这种物质弥漫、渗透、充斥在宇宙中的每个角落。被该物质所包含的想法会产生反映想法本身的物质实体。人能够凭借想法构思事物，而通过将想法作用到无形物质上，就能让观念中的事物变为现实。

要做到这一点，一个人的观念必须从竞争模式调整到创新意识中来，否则他将不能同无形物质和谐共生，因为后者的性质总是充满创新而并非竞争。

通过对上天所给予的事物报以真诚的感恩，一个人就能同无形物质保持和谐互动。感恩使人的观念同无形物质的智慧统一到一起，无形物质能够接收人的想法。只要通过深切、持久的感恩之心与无形智慧结合到一起，一个人就能在创意的舞台上一展身手。

一个人必须对他想要拥有的事物、想要的事情、想成为什么样的人形成清晰的愿景，并在感谢超级智慧给予所有期望的同时，时时在观念中牢牢地把握住它。要想获得财富，一个人必须借助闲暇时间不断憧憬该愿景，对逐渐达成的现实报以最虔诚的感恩。不要对愿景有丝毫的压力，同时要用坚定的决心、毫不动摇的信念紧紧地抓住它。通过这一过程，将愿景传递给了无形物质，创造的力量就可以赋无形以有形。

创造性的能量通过自然发展、工业及社会秩序等渠道发挥作用，只要按照以上指导，怀着毫不动摇的决心，一个人观念中的愿景就一定能成为现实，他所希望得到的就能通过业已确立的工商业渠道传递出来。

要想在机会到来时接收到它，就必须行动起来，而且要付出超过目前所需的更大的行动。在行动中，一个人必须牢牢把握住让愿景变为现实的决心，每天必须用特定的方式去完成需要完成的事情。要为带来票面价值的每个人回报以更高的使用价值，让每一次交易都能使生活更加美好，利用发展的思维，让每个接触的人感受到增长的印象。每个实践这套致富法则的人都能毫无疑问地收获财富，而获得财富的数量取决于愿景的具体程度、决心的确定程度、信念的坚定程度以及感恩的深切程度。

THE WISDOM

OF WALLACE D. WATTLES

力量法则

前 言

本书的第一部分《致富法则》主要针对那些希望获得财富的人，本部分则希望为那些一心成就卓越的人提供方法指导和行动指南。本书不是一部理论专著，所以，在本部分中，也同样将指导你如何实际应用宇宙生命法则。我在写作时力图深入浅出，将晦涩的理论用平实的语言表达出来，读者即使没有任何基础，只要能服从该准则的指引并使用它，就能发展属于自己的成功。

第一步也是关键的一步，就是去探索人际关系的真相，明白自己如何对待别人，别人就会如何对待自己。这一切又会让你回过头去寻找正确的视角和观念。你可以好好研究一下有关组织、社会是如何进化的，看一些达尔文和沃尔特·托马斯的书，不停地思考，让自己用正确的方式去看待这个世界的万事万物。因为只有伟大的思想，才能让你获得伟大的成就，有欠真诚的思考永远不可能伟大，不管它们显得多有道理、多么“聪慧”。

当然，每个人都能粗浅地接收一种观点，但能否深入理解就另当别论了。认识到是件很容易的事，但要意识到并从内心与之沟通就比较困难了。听起来确实不可思议，通俗点说，你所需要的一切就在自己的体内，用不着想方设法去获得让你成就愿望的力量，只要考虑好如何用恰当的方式利用好已有的能量就可以了。

重要的是，现在就要马上行动，利用你所感知到的真理，按照它们的要求去生活，然后你就会在明天找到更多的真理。

本部分对读者来说有着非同一般的价值，所以，我还要给大家推荐爱默生的《论超灵》，这篇伟大的文章构造了一元论和成功理论的基石。我强烈推荐每一位读者联系本书一起仔细品味。

请相信我，只要有始有终，坚持下去，你就能迅速地获得显著的进步。

华莱士·沃特尔斯

第一章

你拥有别人拥有的一切力量

每个人都蕴藏着成就卓越准则的力量，只要能明智地服从该准则的指引并使用它，一个人就能发展属于他自己的聪明才智。人类有一种与生俱来的能力，凭借它，每个人都能朝着任何他感兴趣的方向发展。人的发展潜力是不受限制的，任何人都能在某一领域获得较高水平。这一可能性来自于创造人类的源物质。

天才是无所不知的人，他要远比拥有天赋寓意丰富，后者不过是指一个人的某方面才能相对其他能力得到凸显。我们尚不知晓人类观念力量的边界所在，我们甚至不知道它是否存在边界。意志的力量并没有被赋予给那些低级动物，它被人类独占并得到发展。低端动物也能在一定程度上被人类驯化并有所发展，但人类却是在自我训练并发展，我们独享这一能力，并且其水平不受限制。

人类生活的目标是活的发展，就像草木也要求得成长一样。不同的是，草木只会机械地按照固定路线成长，而人却可以按照自己的想法发展；草木只能具有特定的可能性和特征，而人类却可以培养出任何能力。观念中的可能性就一定能造就出身体上的可能性，人所想的都可以化作行动，人能想象的都可以化为现实。人生来是为了发展，他也必须求得发展，只有持久的发展才能为他带来快乐。没有进步的生活是让人无法忍受的，那些自断发展之路的人无疑是愚蠢而不可理喻的。一个人所能成就的越是伟大、和谐，他的快乐就越多。

任何人都没有高人一等的发展可能性，但经过自然发展，没有两个人会取得完全相同的结果。每个人来到世间都带有自己特定的发展轨迹，而且按照这一轨迹发展，人生无疑要容易得多。这是一个明智之举，因为它造就了五彩缤纷的世界。就好比满园花蕾看上去似乎差别不大，但最终的花朵却千差万别。人类也是如此，有的好比玫瑰，将光彩洒向世界的每一个角落；好的好似百合，让世人看到了美和纯洁；有的如同攀援向上的藤蔓，覆盖住黑暗岩石那凸凹不平的外表；有的成长为橡树，张开手臂让小鸟筑巢歌唱，供路人驻足乘凉。每个人都有着不同的价值，稀有而美好，我们每个人的生活都有着未曾被发掘的可能性。

广义而言，没有“普通人”这一概念。当国难当头时，街角小店的拾荒者和村野醉汉都能实践与生俱来的力量法则，一跃成为英雄和国政要员。每个人都是天才，静静地等待挖掘。每个不起眼的村落都有着不平凡的人，他们有着极高的智慧和洞察力，随时能为遇到困难的人出谋划策。一旦出现危机事件，整个群落的观念都随之而动，他被心照不宣地看成不凡之人。即便是一件小事，这些人也能用很了不起的方式去完成。如果承担重大的任务，他们同样能表现出色，每个人都可以表现出色，当然包括你在内。能量法则能给我们想要的一切，如果我们做些小事，我们就能获得微弱的能量。如果我们实施壮举，我们就能获得所有的能量。但要注意的是用小方法去做大事，对此我们之后还要详细展开。

人们总是采取两种心态。其中一种将自身当作足球，当受到外力作用时，他们弹力十足但毫无力量，他们从不主动行事。这类人被环境牢牢掌控，他们的命运被外界左右着，内在蕴含的力量法则从未被激发过，他们从没有自发地讲话或是行动。另一种人则好比流动的喷泉，力量从其体内迸发而出，他让体内的泉水形成永不停息的生命。他们辐射出能量，为环境所感知，力量法则永不停歇地运作，使他们呈现自我推动，“他们的体内蕴含着生命”。

对人而言，再没有比自我推动更伟大、更美好了。人生经历的点点滴滴无不用来让每个人实现自我推动，从环境的束缚中解脱出来并自我掌控环境。在人类的早期，人不过是机会和环境的子民，为恐惧所俘虏，他们的所有行为无不是环境作用下的结果，他们无力创造任何事物。但即便是最低级的野人也蕴藏着力量之源，它足以战胜所有的恐惧，一旦一个人对此觉察并自我激励，他就能成为命运的主宰。

你拥有别人拥有的一切，没有人拥有比你更多的精神或意志力量，别人能成就的不凡，你同样能够成就。你能成为自己所期望成为的人。

第二章

人体内的力量能满足所有的精神需要

你不会因为血缘关系而丧失成就卓越的机会，不管你的祖先是谁，都做过什么，也不管他们的教育水平多么低下、地位多么卑微，光明的未来都在向你招手。观念中的地位是不可能遗传的，不管我们从父母那里继承了多少精神资本，它都有无限增长的可能；没有人天生丧失了发展的能力。

遗传的确有一定作用，我们生来就有一定的无意识观念倾向，例如更容易忧郁、怯懦或是发脾气，但这些潜意识倾向都是可以克服的，当一个人真正觉悟并迈步前行时，他能轻松地抛弃这些问题。所以当你遗传了某些不让人喜欢的特点时，所有的这些都不能成为阻碍你的理由，因为你完全可以消除它们。所谓遗传的观念特征实际上是你的父母将他们的思维习惯印刻到你的潜意识之上，你可以通过塑造完全不同的思维习惯取而代之。你可以养成快乐的习惯去对抗忧郁，你也可以战胜胆小怯懦或是脾气暴躁。

遗传在头骨构成上也起到一些作用。骨相学有一定的道理，但不像某些人说的那么天花乱坠。诚然，大脑的不同位置对应着不同功能，该位置活跃脑细胞的数量相应影响着不同功能的发挥，那些脑容量大的人可能会表现出更强的能力，使得拥有某些特定大脑构造的人相应成为音乐家、演讲家和工程师等。脑壳构造在很大程度上决定人生的理论饱受争议，它本来是个错误的认识。实际上，同那些头骨虽大但细胞质量不高的人相比，那些头骨较小但有着更多健康、活跃脑细胞的人表现得毫不逊色。此外还发现，只要用意志和决心去开发特定的能力，将能量法则应用于大脑的不同区域，脑细胞就能无休止地增长。

你所拥有的能力、能量或天分，不管它是多么微不足道，都能取得飞快发展。你能让某一区域的脑细胞持续增加，直到对自己的表现满意为止。借助那些充分开发的能力，当然你能表现得更加得心应手，你可以不费吹灰之力地去做那些拥有天资的事情。但更重要的是，你能通过努力开发任何潜能，你能做自己想做的，成为自己想成为的人。一旦你认准某一目标并加以引导，你的所有力量都会调动用于促成目标实现的能力开发上，养分和精神都将注入大脑的相应区域，细胞得以活跃、加速繁殖。

能恰当地利用观念的人能让自己的大脑成就想做的任何事，并非大脑造就一个人，而是人能培养不同的大脑。你的人生坐标不是由遗传因素决定的，环境和缺少机遇也不是一个人层次低下的理由，人体内的力量法则能满足他所有的精神需要。只要一个人能摆正心态，有决心去提高自己，就没有什么环境能挫败他。塑造一个人并让其发展的力量同样控制着社会、工业和政府部门，而这种力量是不会同自己作对的。当你决意向前，所有条件都会变得对你有利。人生来就要求得发展，所有外部事物都是为促成其发展而生的。一旦一个人激发其精神力量并走上上升轨道，他就会发现不仅天助之，而且自然、社会、同伴都会帮助他，只要他服从法则，所有的一切会合力为他服务。

贫穷阻挡不了成就卓越，因为贫穷是可以消除的。自然学家林奈只靠 40 美元去求学，他自己修鞋，常常从朋友那里讨口吃的。休·米勒为石匠做学徒，在采石场开始学习地质学。乔治·史蒂文森在矿区挖煤，凭借思考他发明了蒸汽车，并成为最伟大的土木工程师之一。詹姆斯·瓦特儿时多病，因为身体孱弱甚至没有上过学。林肯是个彻头彻尾的穷孩子。所有的这些例子都可以让我们认识到那让人战胜一切困境和苦难的力量法则。

在你的身上也同样可以应用力量法则，只要你使用得当，你就能克服所有不利的遗传，掌控所有的环境和条件，成为伟大而强大的人。

第三章

真理只有在出现时才能被洞悉

大脑、身躯、观念、能力和天赋不过是一个人展现不凡的工具而已，仅凭这些并不能成就一个伟大的人。一个人或许有硕大的大脑、良好的心态、强大的能力和卓越的天分，但只有他能用了不起的方式使用之，才能成就卓越的自己。是那种促使人们以了不起的方式发挥能力的素质成就了伟大，我们把这种素质称为智慧。

智慧是成就卓越的必要基础，它能洞察人生的最佳目标以及如何实现这一目标，它是洞察正确行动的力量。一个人能有足够的智慧去知悉该做些什么，他也就懂得只期待那些正确的事物，而一个有能力去做正确事情的人当然是真正的伟人。无论在哪儿，他们都能依靠自身的力量脱颖而出，赢得他人的尊敬。

智慧来自于知识，无知不可能诞生智慧，无知的人不知该做哪些对的事情。智慧受制于人的知识，总是相对有限的，除非一个人能将思想同更多的知识相联系，从中获得启发，从而免受自身局限的拖累。这一切是人能做到的，也是每一位成就不朽的人业已证明的。

比如，林肯受到的教育非常有限，但他有能力洞悉真理。在林肯身上，我们看到了真正的智慧，它意味着无论何时何地都知道该做对的事情，并且有意愿、有能力去做。退回到废除种族隔离的年代，无数人选择了妥协，但大家都对对错不知所措、不知如何是好之时，林肯始终不为所动地坚定意志，他不仅看透拥护奴隶制的肤浅争论，同时也认识到废奴主义者的某些不切实际的观念。他预见到将要实现的目标，也懂得实现这一目标的最佳途径。正因为人们认识到他的洞察力，大家才推选他为总统。

任何人只要能开发洞悉真理的能力，让别人知道他总能知道正确的事情并值得委以去做这些事情，都会得到大家的尊敬而获得提升和发展。整个世界都需要这种人。林肯成为总统后，他身边汇集了一大批智囊，但他们常常意见相左。有时他们会反对林肯的政策，但事实上，只有他认识到了真理，而其他人都被假象蒙蔽了。他的判断极少出现差错，他是同时代能力最强的政治家和最好的士兵。这位受教育极低的人是从哪儿获得的智慧呢？这当然不能归功于他的头骨构成多么特殊、脑部组织多么优秀，也并非归功于他的体质特征。他的推理能力也并非有多么超群，真理不是靠推导得出的，一切只能归功于精神上的洞察力。他能获知真理，但他的洞察力又来自何处呢？同样的事情还能在乔治·华盛顿身上看到，在独立战争无望的挣扎中，他获知真理的能力所带来的勇气和信念将各个殖民地联合到了一起。我们还能从拿破仑身上发现这一点，这位军事天才总是奇招迭出。

拿破仑的伟大之处在于其本质，这一点不仅在拿破仑身上得见，我们同样能从华盛顿、林肯以及其他伟大的人物身上发现它，所有成就不朽的人都有着同样的特质。他们洞悉真理，但真理只有在出现时才能被洞悉，只有有洞悉的思想才会存在真理，真理不能脱离思想而存在。

第四章

让肉体服从精神

只有克服掉焦虑、烦恼和恐惧，你才能成为一位卓越的人。一个满怀焦虑、烦恼和恐惧的人是无法感知真理的，因为在这一观念状态下，所有的事物都被歪曲并切断与外界正常的联系，怀有这些心态的人也就不会理解上天希望从他们身上得到什么。如果你并不富有，或是正对生意或财务忧心忡忡，我建议你仔细阅读本书第一部分《致富法则》，无论问题看起来有多么困难，它已经给出了相应的对策。没有必要为经济问题担忧，每个能从书中汲取经验的人都能获得他想要的一切，变得富有起来。

让你的观念提升并获得精神能量的源泉同样会为你提供物质需求，仔细揣摩这一真理并在思想中牢牢树立这一观念，将烦恼和忧愁从观念中清除出去，走上能给你带来财富的特定之路。如果你为自己的健康担心，一定要认识到自己能够获得健康进而有更充沛的力量去完成你想完成的事情。上天时刻准备着赐予你财富、精神力量和健康的身体，只要你能按照健康法则去做，保持良好的生活方式，就能获得最佳的健康状态，战胜疾病并驱除恐惧。

但光是战胜经济和身体上的问题还不够，你必须还要打败道德上的邪恶。现在就必须检测激发你的内在意识，确保它们的纯正。你必须让自己远离贪欲，能够控制自身的欲望。吃饭是为了抵御饥饿，而不是为了满足贪吃的快感。在所有问题上，你必须让肉体服从精神，将贪婪丢在一旁，不要因为一些毫无价值的动机去追求富有和权势。如果你是为了满足精神上的需要而追求物质，而不是为了满足肉体的放纵，那它就既合法又正当了。

抛开那些骄傲和虚荣吧，千万不要有丝毫奴役、胜过他人的念头，这一点很关键，再没有比控制他人这一自私的愿望更坏的了。对于每个普通人来说，能坐在首席获得他人的膜拜都有着无与伦比的诱惑力，对每个自私的人而言，能够骑在别人的头上是最普遍的险恶动机。在一个竞争的世界里，为控制他人而拼得你死我活是司空见惯了的事情。你必须能够超脱其上，寻找自己生活的真谛。摒弃一切妒忌的念头吧，你能拥有自己想要的一切，而不必去嫉妒别人所拥有的。最重要的是，不要对他人心存任何敌意或是险恶的用心，杜绝所有狭隘的个人野心。要去寻求高尚的美，而不要为毫无意义的自私所动。

对照上述说明仔细反省自己，把一个个的道德瑕疵从心中剔除，要有不受它们影响的决心。不仅要杜绝所有邪恶的念头，还要让那些同你高尚的梦想背道而驰的行为、习惯和思维方式离自己远去，这一点特别重要。要用你所有的精神力量下定决心，让自己准备进入下一阶段去迎接卓越。

第五章

用正向性的眼光看待所有社会现象

没有信念是不能得到上天的眷顾的，也就不可能让自己成就卓越的事业。所有伟大的人都有着一个共同的特点，那就是坚定不变的信念。我们从身处战争最黑暗日子的林肯身上可以找到它；我们从身处福吉谷的乔治·华盛顿身上可以找到它；瘸腿的传教士斯坦利·杰文斯通决心要去终结那深恶痛绝的奴隶交易，他为黑暗的大陆带来灵魂的光明，从他身上我们也可以发现信念；此外还有弗朗西斯·威拉德等，所有在世界上留名青史的人都能发现并得到它。

信念——并非对自己或是对能力的信仰，而是对上天的信念，对正义原则的信赖，坚信在适当时候能给我们带来胜利。没有这一信念的人就不能成就大事，没有任何原则信仰的人将永远卑微。是否拥有这一信仰取决于你个人，我们必须从进化和发展的角度去认识这个世界，而不要把它当作既定的作品。经过数百万年的发展，自然从低等、粗糙的生命形态逐步得到完善，经过时代的延续，直到现在出现无数复杂的组织结构以及动植物。地球在发展的过程中经历了一个又一个的阶段，每个阶段都能得到改善，进化出更加高级的形态。我要提醒你注意的是：即便是所谓的低等生物也和之后的高级形态一样完美，创世之初的世界也同样完美，但自然的工作还没有完成。今天也是如此，无论从物质、社会结构还是工业发展角度来说，世界已经非常好了，但还称不上是尽善尽美。它的任何领域、任何方面都有发展的空间。

这就是你要牢记的观点：

世界及其所包含的一切事物已经非常美好，但还是有相当多未尽的事业。

“世界的一切都很美好”，这是不争的事实，没有什么事物是有问题的，也没有任何人有问题。看待任何现象都必须从这一角度出发。自然是不会错的，它成就伟大的发展，为了每个人的快乐而服务。所有事物的本质都是好的，毫无邪恶可言，但同时也并非是确定的版本，因为创造工作还在进行中，慷慨地给每个人更多的好处。自然是上天的表征，它非常美好但又是未竟的工作。

这一切也同样可以用于描述人类社会和政府部门，即便托拉斯和财团、罢工和停工让我们每个人不满。所有的一切不过是发展行动的组成，是为了形成一个尽善尽美的世界所不可避免的。如果一切工作都已完成，不和谐的音符无疑会停止，但是如果缺少它们，世界就不可能达到完美。摩根大通对未来社会秩序而言，就像那些爬行动物盛行时期的奇怪生物之于下一个时代一样必要，而且它们按其本性而言都是非常美好的。把政府和工业看作是美好的，将它们视为正飞速发展以达到至臻境界吧，然后你就会明白没有什么可害怕的，没什么可担忧的，没什么可为之牵肠挂肚的。不要总是怨天尤人地谈论这些事物，它们已经很好了，正是它们构成了人类历经发展所达到的最好阶段。

对多数人来讲，这听上去像是痴人说梦。“什么？”他们会惊呼，“难道那些肮脏的工厂里苦难的童工和受剥削的大众还不够糟糕吗？难道下流的沙龙还不是罪恶？我们难道要将所有这些视为理所当然并把它们称为美好吗？”童工等事物同原始穴居人的生活方式、习惯等均不存在邪恶，不过属于人类发展过程中的未开化阶段，就该时代而言，它们可谓是完美的。我们当前的工业实践也不过是工业发展过程中的蛮荒阶段，它们也是完美的。只有我们有一天意识发展到停止在工商业领域中的压迫，才能成为真正的人，而这一切取决于我们整个种族能有更宏大的视野，取决于我们每个人做好迎接更高视野的准备。真正能够改善那些不和谐现状的不取决于雇主，而要靠员工自身。只有他们有更高的远见，或是希望有更高的远见，他们才能在行业中建立一种类似兄弟般的和谐关系。他们人多而且力量大，现在已经得到他们想要的。一旦他们想要获得更多、更高层次的生活，他们就会得到更多。没错，他们现在也在要求更多，其中不乏低级的需求，使得工业整体呈现荒蛮的状态。一旦这些工人们提升精神境界，要求获得更多的精神物质，工业领域就会为之一变，彻底摆脱野蛮和低级。就目前的情况而言，已经非常好了。沙龙等事物也一样，只要大多数人还需要这些东西，它们的存在就是合理的。只有当大多数人渴望出现更加和谐的世界，理想的世界才能得以产生。

现实的残酷不过是人类卑劣思想的反映，是人类造就了社会。只有当人超脱了低级的想法，社会才会相应提高一个层次。现在的社会必定会有那些低俗的沙龙和酒吧，世界原本如此。现在和创世之初一样美好，所有这些都不妨碍你追求更好的事物，你不必去变革堕落的事物，但可以去追求未竟的事业，全身心地满怀希望去努力。世界在你眼中是不断发展还是不停堕落有很大的不同，前者会给你发展、发散的思维，而后者则只会让你的观念变得落后和狭隘；前者会让你成就不朽，后者却不可避免地让你变得渺小；前者会促使你为这个完美但充满不和谐音符的世界不断努力，后者只会让你成为拙劣的改革家，徒劳地去拯救有限的几个迷失的灵魂。

所以，看到对你来说那迥然不同的差别了吧。“世界一切美好，只可能是我的态度发生了问题，而我会改正它。我能从更高的视角看透所有的现象、环境、社会、政治、政府的本质。一切都是美好的，同时一切仍有进步的可能。一切都是上天的创造，记住，它们都是美好的。”

第六章

用积极的心态对待所有人

你对社会生活现象的观念虽然很重要，但同你对同事、熟人、朋友、亲戚、近亲属以及你自己的看法相比，前者的重要性就要稍弱了。你必须学会不要把这个世界看得多么迷失和堕落，相反，要将其看成是无比美好和繁荣并不断趋于完美。不要把人看成是丑陋的，要把他们看做是不断发展完善的。事实上，这世上本不存在“邪恶之人”。

在铁轨上推动机车前行的引擎是完美的，它所产生的蒸汽力也是美好的。由于铁轨断裂而使机车跌入壕沟，即便引擎被替换掉，它也不能说是变得邪恶了，它仍然是一部完美的引擎，只不过脱轨了而已。带动机车脱轨的蒸汽力也无所谓邪恶，它仍然是美好的力量。也就是说，那些被以不完整或偏颇的方式替换和使用的事物并非是坏的。同样，没有邪恶之人，只有好人走上了歧途，他们不应受到谴责或惩罚，他们需要的是重回正轨。

因为自身思维方式的原因，我们视那些尚待完善或发展的事物或人为罪恶。生长出洁白百合的根并不美观，人们看到它或许会感到厌恶，但如果我们知道它正孕育着百合，无端地指责蓓蕾该是一种多么愚蠢的行为啊！根是美好的，只不过它还没有开花。对于一个人来说，不管他有多么不讨人喜欢，我们都必须学会换一种观念去看待他。他们的状态是好的，只是尚待完善。

再提醒你一下，一切都是美好的。一旦我们能够深刻理解这一事实，我们就不会对他人吹毛求疵、妄下评论或是横加指责。我们会由衷地赞美，赞美那不断完善的伟大而美好的人性。当同他人交际时，我们就会拥有更宽广的观念，将对方视为了不起的存在，用伟大的方式同他们打交道。但反之，假如人类在我们的眼中是迷失和堕落的，我们的观念就会变得越来越狭隘，相应地，会让我们待人接物的方式变得越发狭隘。如果你不能用一种伟大的方式同他人打交道，那就要牢牢地记住这一点。

你要学会用同样的观念来看待自己，视自己拥有不断发展的灵魂。“创造我的物质在我体内，我很完美、健康。这个世界并非十全十美，但上天是完美而至臻的。除了我的观念以外，没有什么是错的。只有违背内心时，我才会犯错。我是上天美好的产物，而且还要自己更加完美。我会充满信念，永不恐惧。”如果你彻底领会这些话，你就会永无畏惧，在发展伟大人格的道路上遥遥领先。

第七章

如果你渴望某个事物，用想法去捕捉它

你是处于源物质当中的思维中枢，而源物质的思想则是创造力之源，无论其思想是由何构成，最终都必须化为有形（即所谓的物质），而思维物质中的想法形态即是现实。它是实实在在存在的，不管普通人是否能看见它。你必须让自己相信思维物质的想法是实在的、客观存在的，尽管自己尚不得见。

你要在内心中打造自己认同的形象，然后就会让那些与你想法关联的事物来到身边。如果你渴望某个事物，用想法去捕捉它并牢牢记住，直到让它成为你挥之不去的印记，只要你接下来的行为不与上天割裂开，你想要的东西迟早会出现在你的眼前。它必定会出现，因为这是宇宙得以创始的法则。

永远不要把自己同疾病或苦痛联系起来，要形成健康的概念，让自己的形象变得强健、富有活力，将类似的观念交给创造性的智慧，只要

你的行为不违反机体构造的基本法则，你的思想观念就会反映到自己的躯体上。这一切是确定的，因为它符合法则。让自己的观念符合自身愿望，让你的理想能够供想象力打造完整的形象。

用例子来阐述一下吧。假如一名年轻的法学专业学生想成就伟大，让他幻想自己（同时按照前文指导去留意观念、修养、自我定义）已经是一位有名的大律师，在法官和陪审团面前，用他那无敌的雄辩口才慷慨陈词；让他幻想自己拥有渊博的知识、深厚的智慧。总之，让他从各个角度去幻想自己的大律师形象，不要去停止塑造自身的律师形象。当思维观念越发具体并自发时，创造力——不管来自内部还是外部都会发力，让他逐渐具备某些形态和从前不具备的素质，所有幻想的一切不可阻挡地成为现实。他让自己的幻想成真，因为他得到了宇宙的协助，这是任何事情都无法阻挡的。

同样，学音乐的学生可以幻想自己的演奏让无数观众为之倾倒；演员则可以幻想自己在该领域内叱咤风云。农民、技师也是一样。现在就把注意力放在理想中的自己上吧，好好想一想，作出恰当的选择，让自己感到最为满意的。不要过多地去管周围人的建议，他们不会比你更懂自己。忠言要仔细聆听，但最后的决定还是要自己来下。

不要让别人去决定你的未来，要成为自己想成为的人。

不要被那些错误的责任或义务观念所误导，对那些阻碍你发掘最大潜力的人，你无须承担任何责任或义务。要做真正的自己，你没有背叛任何人。一旦对要做的事情下定决心，尽可能地去在头脑中构想该事物的形象，让这一形象形成思维模式并把它当作是确定的，你要对此深信不疑。

不要去听那些反对的意见，不用管他人会叫你傻瓜或是嘲笑你白日做梦，继续你的幻想吧。想一想拿破仑，这个饥一顿饱一顿的中尉军官，整天幻想自己成为军队元帅去统领整个法兰西，最终他的梦想变成了现实。这一切你也能做到，仔细阅读本书之前的内容，按照以下各章的指导去做，你就能成为自己想成为的人。

第八章

开始从小事上感知真理

如果你只是看完上一章的内容就合上这本书，那么你永远不可能成就不凡，你只不过是一个梦想家、空想家罢了。但事实是很多人确实就此停住了脚步。他们不明白让梦想化作现实需要开展行动。对于成就梦想而言，有两件事是必需的：其一，要塑造思想形态；其二则要切实让自己朝着这一形态靠近。我们已经讨论过第一部分了，现在让我们来继续看一下第二点。

当你塑造了某种思想形态后，你只是在观念上造就了自己，接下来还必须要在外在符合你对自己的期待。也就是说，你只在内部将自己理想化，但还没有让自己的不凡显露出来。这当然不能一蹴而就，你不可能立即成为伟大的演员、律师、音乐家或是拥有了不起的人格，不会因为你想到什么，就会有人自动将它拿到你的手边。你能做的是用不平凡的方式做好每件小事，成功的秘诀就在于此，要用一种不凡的方式做事，你可以在自己的家庭里做到不凡，在你的店铺或办公室里小有名气，在街区等让自己为人所知。不管自己是多么渺小或普通，你都必须把灵魂的全部精力注入到行为中去，让自己的家人、朋友和邻居看看自己真实的一面。

不要夸夸其谈或是自吹自擂，总想去自恋地告诉别人自己有多棒，要用实际行动表现出不凡来。没人会相信你对自己的打分，但如果你用实际行动展示出来，就没有人会质疑你的能力。在你的生活圈子里做到公正、慷慨、温文尔雅、友善，你的妻子、孩子、兄妹就会承认你有多么伟大和高尚。同你所交往的所有人做到这些吧，那些伟大的人总是如此。打造你新的作风。

接下来也是最重要的，你必须对所追求的真理有绝对的信念，在深思熟虑找到合适的路径之前，永远不要惊慌和着急。一旦找到正确的路线，即便陌生的世界对你不够友善，也要带着信念勇往直前。

如果你不相信上天在小事上所给你的教导，你就永远不能在大事上借助它的智慧和知识。一旦深切地感受到某种行为是正确的，要带着对未来的憧憬马上动手。一旦认识到某件事情真实的一面，不管它的现象有多么迷惑，要按照其真实的一面开展行动。要想在大的事情上开发认知真理的能力，就必须绝对信任自己在小事上对真理的感知。记住你要寻求那种独一无二的能力——感知真理，你是在学习上天的想法。

在全能的无限智慧面前，事情没有重大和微不足道之分。它既会让太阳东升西降，也会饶有兴趣地看小鸟落地，它甚至还会惦记你的鬓角。上天关注着每日的琐事，同时关心着国政要闻。你从家庭、邻里小事中所获知的真知，并不比从国家大事中得到的要少，前提是要对小事中蕴藏的真理有足够的信念，相信每天它在一次又一次地为你呈现。当你强烈地感到要去走上一条同世俗观念背道而驰的路，勇敢地前行吧。要听听他人的建议和忠告，但更要去做那些你相信是对的事情。永远带着绝对的信念去相信自己所认识到的真理，同时确保自己服从上天的意志——不要慌忙、恐惧、焦虑地行动。无论身处任何环境，相信自己对真理的感知。

如果你强烈地预感到某时某地会出现一个确定的人物，那就怀着信心去迎接他，他总会在那里等你，不管看起来有多么不可思议；如果你强烈地预知某种情况或事件，不论其远近，不论过去、现在还是将来，相信自己。开始你会犯一些错误，因为你对事物的本质还缺乏了解，但后来你就会走上正轨，你的家人和朋友会越来越多地服从你的引导。很快，你的邻居和同乡也会跑来请教，接下来，大家就会越来越多地拜托你处理事情，先小后大，所有的一切都能因你对真理的洞明而得到引导。

服从自己的内心，完全地相信自己。永远不要怀疑自己，不要把自己当作一个爱犯错误的人。

第九章

你习惯认为自己是什么，你就是什么

你当然有很多的问题需要处理，家庭方面的、社会上的、身体的、财务的，每一个都会逼得你焦头烂额。你的债务即将到期，你对别人有数不清的义务，你觉得毫不开心，不满意目前所处的位置，认为该马上做些事情。但千万别因为一时的冲动而草率行事，你要相信上天能帮你解决所有的难题。不必着急，只要充满信心，一切都非常美好。

在你的体内有一种无法抗拒的力量，你所希望的事物上也具有同样的力量，正是它让你们相互会合。你必须要牢牢地记住：你身上所具有的某种智慧也存在于你想要获得的事物上，正像你热切地期待它们一样，它们同样非常希望来到你的身边。最后的结果就是，只要你意志坚定地把握住信念，你肯定能获得所希望获得的事物。

所有事物都不会有问题，只有你的个人观念会出偏差，但只要你能充满信念、无所畏惧，你就能让自己的观念准确无误。匆忙草率是恐惧的表征，那说明一个人担心来日无多。如果你能信赖自己所感知的智慧，你就能在不紧不慢的同时，让凡事顺利进行。如果有些事情看似节外生枝，不要对此感到心烦意乱，这只是个表象。这个世界只有你会犯错，因为只有你会陷入到错误的心态当中。所以，当你变得烦躁、忧虑、总想加快脚步时，坐下来仔细想一想，玩玩游戏或是出去散散心。当你旅行归来，你会发现一切都恢复了正常。

所以一旦你发觉自己心态慌乱，唯一确定的事情就是你已经偏离了成就不凡的主航道。匆忙和恐惧会立即切断你同宇宙之间的精神交流，你会丧失力量、丧失智慧，丧失一切有价值的信息，直到你能清醒为止。

陷入匆忙的心态之中，是一次检验自身实践力量法则的机会。恐惧会将力量变得软弱无力。一定要记住，平静和力量是不可分割的。镇静而和谐的心态就是最坚不可摧的心态，而慌乱和易怒的心态则是软弱可欺的心态。只要你的心态充满慌乱，你就该认识到自己的观念会发生错误，你眼中的世界会发生扭曲。多去读一下第六章，重新让自己认识一下世界美好这个道理。所有事情都在正常运转，所有事物都毫无问题，你要摆正心态、镇定自若，对上天保持乐观的信念。

我们再来谈一下习惯问题。对你而言，最大的挑战就是克服旧有的思维套路，并用新的思维习惯取而代之。世界是由习惯构成的，不管是国王、独裁者、首领还是富翁，大众习惯性的接受最终造就了他们的地位。事物是什么取决于人们接受它们是什么，一旦人们对政府、社会和工业等改变了一贯的看法，他们也就改变了对象本身。每个人都受到习惯的规制，你可能早已经习惯，认为自己是个普通人，自认能力有限或是总要避免不了犯错等，你习惯认为自己是什么，那么你就是什么。

你必须开始改变，从现在开始去养成更好的习惯。你必须认为自己有无限的能量，并让这一想法形成习惯。只有习惯性的而并非阶段性的想法能决定你的命运，如果每天只是偶尔冒出自己很棒的想法，其余时间在自怨自艾，对你而言是毫无益处的。如果你还在习惯性地认为自己非常渺小，再多的祷告也是没有用的。祷告只是用来改变你的思维习惯使用的。

重复某种行为，不论是观念上还是行动上，都能成为一种习惯。观念上行动的目标是一遍遍地重复某个想法，直到使该想法变得持续而自然，让自己对此深信不疑。你要做的就是反复重复某种新念头，直到让自己用这一想法来看待自己。

是你的习惯性想法而非环境最终造就了现在的你。每个人对自己都有各自的主要想法或是思维模式，在这些想法的作用下，你对所有的现象和外部关系进行了梳理和整合，整理的结果取决于你自认为伟大、有力还是能力有限、普普通通。如果你属于后者，你必须马上改变对自己的核心认识，重新审视一下自己。

不要以为仅仅复述几句口号或是肤浅的公式就能让自己变得伟大起来，你要再三重复关于自己能力的想法，直到让自己能整理外部的一切，凭借这一想法时刻衡量自己的位置。在新的一章里，我们要继续学习观念上的锻炼和进一步的指导。

第十章

只有内心伟大的人才有伟大的人格

只有拥有不凡的想法才能成就卓越。只有内心伟大的人才能显示出伟大的人格，而内心的伟大只有靠思考才能获得。不去思考，受再高的教育，读再多的书，学习再刻苦也没有用，如果勤加思考，就能让你的学习取得事半功倍的效果。有太多的人想通过努力读书来出人头地，但因为疏于思考，他们最终还是失败了。光是读书是不能让你的观念得以提升的，一切要靠你对阅读内容的思考。

思考是最艰苦卓绝、最让人精疲力竭的劳动，因此很多人对其望而却步。人们要么思考，要么通过其他活动来逃避思考。很多人将空余时间用来娱乐，借以逃避思考。如果他们感到孤独，没有可供娱乐的事物，没有图书和演出用来消遣，他们就必须思考。要想逃避思考，他们就要借助小说、演出和其他各种娱乐活动。很多人因为把太多的时间用在逃避思考上，导致自身毫无发展。

只有思考才能让我们前进，要少去看，勤加思考。要阅读那些关于伟大事物和人物的书，多去思考重大的课题和问题。当前整个美国有如此多的政治家，但多数乏善可陈，再也没有林肯、韦伯斯特、克雷、卡尔霍恩、杰克逊这类大人物了，为什么呢？因为现在的政客只是处理那些自私自利的小事——事事离不开金钱、私利、党派之争、物质虚华。反观林肯时代的政治家们，处理的无不关永恒的真理、人权与正义。人一旦思考伟大的话题，他们就会有伟大的念头，让自己成为伟大的人。是思考而并非知识和信息，造就了每个人的个性。

思考意味着进步，你的思考不可能不让你取得发展。一个想法造就了另外一个想法，记下一个念头，其他的想法就会让你应接不暇。你不了解自己的观念能有多么深远，它深不可测而又无边无际。刚开始，你的想法或许是简单幼稚的，但慢慢地经过锻炼，你就会激发更多的脑细胞行动起来，让你掌握新的能力。遗传、环境、条件……所有的问题都将在你持久而连续的思考中让路。

但另一方面，假如你总在抄袭别人的想法却没有学会独立思考，你就永远不会知道自己的能力有多大，你会毫无建树地终其一生。没有原创的思想，就没有真正的伟大，所有人的外部行动不过是其内心思想的外化和实现而已。没有思想就无所谓行动，缺乏伟大的思想，就不会有伟大的作为。行动是思想的第二形态，个性是思想的固化表现，环境是思考的结果，你的思想让同性质的物质聚集而来。正如爱默生所言，你的核心思想、概念将生活中的现象组织并分类。只要改变自己的思维方式，你就能对自己的人生进行重新规划。听凭你的思想服从行动，你就会毫无发展。

在之前的章节中，你已经学习过思考那些伟大要素的重要性，不只要泛泛地接受它，更需要去深入思考，让其成为你核心观念的一部分。再次让自己复习一下：这个美好的世界上都是美好的人，所有事情都在正常运转，只有你的观念会出现问题。仔细体会，直到让自己充分明白它的含义。你要明白，这个世界依靠组织、社会和工业的进化而不断发展，它正在变得更加完善和美好。仔细思考这一切，相信这一切，让自己理解作为这一完美世界的一员该如何生活。接下来去认识这一奇妙的真理：伟大的无限智慧存在于每个人的体内，它与你同在，就像指路的明灯，引导你去获得最好的事物、最了不起的行动以及最大的幸福。它是你体内的能量法则，赋予你能力和天分。伟大的想法靠伟大的个性体现出来。让自己仔细思考这一切，然后做好行动的准备。

第十一章

用不平凡的方式处理家庭琐事

不要光是憧憬自己能在将来变得成功起来，现在就该想象自己已经很成功了；不要把用伟大的方式行事寄托在明天，现在就开始行动吧；不要指望环境变化后自己才换一种方式做事，现在就要马上动手；不要等你应对的对象变得强大，自己才换更好的行事方式，要从现在开始学会用不平凡的方式处理小事；不要寄希望于只有当自己与聪慧、善解人意的人为伍时才会成功，现在就要用不平凡的方式去与周围的人交往。

如果现在的环境不适合发挥出你的最佳潜力和天分，你可以选择在合适的时机离开，不过即便在原来的位置，你也能取得成功。林肯在偏远地区做律师时的表现同做总统时一样好，做律师的他能用不平凡的方式处理好每一件事情，也正是这一原因让他最后圆了总统梦。如果他只是坐等当上总统那一天才开始以伟大的方式行动，那他一生只会默默无闻。你所处的位置和周围的事物并不是让你成就卓越的主要原因，能否成功也并非取决于你从他人那里接受的事物，况且只要你依赖他人，你就永远不会散发卓越。只有当你学会自立，将所有的依赖外部（不论是对书本还是人）的想法清理干净，才会彰显出你的伟大。正如爱默生所说："通过研究莎士比亚是成不了莎士比亚的。"因为莎士比亚是靠其思维方式造就的。

不要去管周围的人，包括你的家人如何看待你，别人的想法不会影响你成就伟大，也不能阻碍你成就伟大。人们可能会对你熟视无睹，令你不快或是对你毫不客气，那么你就该同样以牙还牙吗？

你要用宽容和友善去对待那些不知感恩甚至邪恶的人。

不要夸耀自己的伟大，从本质而言，你并不比周围的人优秀多少。或许同他们相比，你提前找到了生存和思考的捷径，但就目前的思想和行动而言，他们同样是完美的。你没有任何理由去为自己的一点成就而沾沾自喜，用别人的缺点和失败来同自己的优点和成功相比较，只会让你变得自负，而自负的后果就会让你失去成功的机会，让你变得渺小。

要把自己当作无数精英中的一员，平等地看待每一个人，既不要自高自大，也不要妄自菲薄。不要评说自己，伟大的人物从不会这样做。不要一味地追求荣耀和认同，只要你值得拥有它们，它们就会不请自来。

先从家庭开始行动吧，伟大的人物在家庭内也能保持中正平和、善解人意，只要你总能在家里保持最佳状态，你就会逐渐赢得他人的信赖，在危急时刻成为他们的救星，得到大家的喜爱和拥护。同时你还要留意的是，不要成为大家的奴仆，伟大的人物总是懂得自重，他会乐于服务，但绝对不会为人所奴役。不要以奴仆的身份去帮助家人，不要代他们去做那些原本该他们自行完成的事情。过多地服侍他人，对其而言意味着伤害，果断地拒绝那些无理的要求是对对方负责。理想的世界并非是存在很多人为他人服务，而是应该每个人都能自立自强。要用你的善良和体贴去对待所有的要求，同时不要让自己沦为那些任性自私想法的牺牲品，你要懂得，有时过度的帮助意味着伤害。

不要为家人犯下的错误和失误感到不安，觉得自己必须为之做些什么。不要觉得别人可能会犯错就要横插一脚，要认识到每个人在其层次上都是完美的，你不会比上天做得还要好。不要去干涉别人的习惯和行为，觉得他们是你的至亲就要去操心。别忘了，只有你的心态会出问题，纠正自己就会懂得所有一切都是合理的。只有当你能和那些处事方式不同的人和谐共处，而不去批评干涉时，你才真正拥有伟大的灵魂。

去做那些你应该做的，要相信你的家人都在做他们认为正确的事情。再次提醒，任何人、任何事情都不会有问题，一切都非常美好。不要被别人奴役，同时也要留意不要将你的观念强加给别人。思考、深入思考、不断地去思考，完善自己的友善和善解人意的心。这就是在家庭中实践伟大的方法。

第十二章

先在每一件小事上成就卓越

你还应把家庭中实践的准则应用到其他各处。时刻牢记世界是完美的，你固然是伟大的，你的同类也同样伟大。信赖你所感知的真理，要相信内心中明灯的指引，确定你的感知来自于那盏明灯，平和、冷静地开展行动。无限智慧会赋予你所需要的知识，来应对生活中出现的所有危机。而你必须要做的就是保持高度镇定，信赖你所拥有的永恒智慧。你要让自己带着信念和镇定去行动，你的判断就会毫无偏执，也会知道自己该去做什么。不要慌张或是忧虑，想一想身处战争最困难时期的林肯，当腓特烈斯堡战役后，詹姆斯·弗里曼·克拉克曾这样回忆道：来自全国各地的数以百计的军事首领，垂头丧气地走进林肯的房间，但当他们出来时，无不带着欢欣与希望。他们仿佛与圣人面对面交流过，他们从这位消瘦、平凡、体弱多病的人身上看到了圣人的影子。

一定要相信自己，相信自己有能力应对各种突如其来的情况。不要因为孤独而苦恼，朋友会在合适的时间到来；不要因为无知而苦恼，充足的信息会在你需要的时候到来。推动你行进的动力也蕴含在你需要的人和事物的内部，后者也在其推动下向你靠拢。如果你很想见到某人，你迟早有结识他的机会；如果你希望阅读某书，它迟早会到你的身边。所有你希望获得的知识都能通过内部或是外部的渠道向你汇集，你的知识和潜能总能适合环境的需要。一旦你觉悟到，学会用一种了不起的方式利用自己的心智能力，你就开始为自己的大脑注入能量，新的细胞被源源不断地创造，沉睡的细胞焕发活力，你的大脑将成为承载思想观念的最好工具。

在没有掌握实践伟大的行事方式之前，不要尝试去做任何伟大的事业。如果你用低级的方式去处理大事——视角狭窄，信仰或勇气不坚定——结果必然是失败。不要急于做大事，做大事也未必能让你成功，而成就卓越恰恰能让你有做大事的机会。先要从当下的每一天开始，在每一件小事上成就卓越，而不要急于证明自己的伟大人格。如果你实践本书若干天之后，并没有得到重用，千万不要悲观失望，因为伟大的人从不主动寻求认可或是掌声。如果这是他们想要的，他们也就不再伟大了，伟大的成就本身就是对其自身最好的回报。做事的同时知道自己正不断进步，这种快乐对人而言是所有快乐中最让人感到幸福的。

如果你能按照之前章节的指导在家庭中实践，并将同样的心态推广到邻居、朋友、生意伙伴上，你就会发现别人会开始依赖你，他们会征求你的建议。越来越多的人从你那里获取勇气和激励，信赖你的判断。和在家庭中相同的是，你不要牵扯进别人的事情，努力去帮助那些寻求你帮助的人，但不要越俎代庖地去指正其行为。管好你自己的事情，修正他人的道德标准、习惯和行为不是你的任务。要过一种高尚的生活，凭借伟大的心灵，用伟大的方式去做所有的事。如果你的邻居抽烟或是酗酒，那是他的事，只有当他征询你的看法时才与你有关。

如果你能让自己过上一种了不起的生活，而不是四处布道，同那些生活平庸却到处说教的人相比，你节约的时间、拯救的灵魂何止多出数千倍。只要你认识世界的视角不偏执，别人就能从你的谈话和行为中认识到这一点，这要比你推销自己的观点好得多。如果你充满奉献精神，没有必要去告诉别人，它会自然而然地为人所知，让大家都知道你的人生准则要远远高于一般民众。

要想让自己的高尚人格为人所知，唯一要做的就是好好生活，不要像堂吉诃德一样插手整个世界，徒劳地去攻击风车，或是去标新立异，让大家知道你是一号人物。不要去找寻大事，让自己的生活和工作变得不平凡就好，伟大的工作就会自动由你来担当。要真正体会到人类的价值，做到即便对待乞丐和流浪汉也能充满深切的关怀。一切的人和事都是美好的。不要只把你的同情洒向穷人，百万富翁和流浪汉是一样的。

这是一个无比美好的世界，世界上的所有人和事物都不是多余的，在待人接物时要让这种观念牢牢地印入你的脑海中。小心地在头脑中打造自己的形象，让整个思想构造成为你想要的，并对其实现抱着深信不疑的态度和坚定的决心。有始有终，坚持下去，你就能迅速地获得显著的进步。

第十三章

只有认识到自己的伟大才能走向成功

让我们再回到观点的问题上来，除了它非常重要，这一问题还极易给读者造成麻烦。长久以来一些观点教给我们的是：整个世界就像触礁之后行驶在暴风雨中的破船，迟早会彻底沉没，我们所能做的，最多也只能是挽救少数的船员而已。用这种观点去看世界，它总在越变越坏，现存的无秩序和不和谐必将永远持续下去。其结果导致我们对社会、政府和人性失去希望，让我们的观念和视角日趋狭隘。

上述观点当然是错误的，世界没有毁灭，每个零件都在正常运转。这条大船有着足够的燃料，供给充足，有着你想要的所有美好事物。上天的设计充分考虑了每位船员安全、舒适、幸福的需求。现在，船已驶入深海，但没有人懂得掌舵，让船四处游荡。我们现在正在学习掌握方向，大船迟早会驶入和谐、宁静的港口。

整个世界是美好的，而且还会越来越好。现有的种种不和谐不过是因为我们笨拙的驾驭水平所导致的，它们总会被得到纠正。这种角度将让我们具有乐观的观点和扩展的思维，我们会带着更广阔的胸怀思考整个社会和我们自身，用一种更了不起的方式去实践。更重要的是，我们认识到世界万物，包括我们面对的事情都是好的，只要一切都能走向完美，它们就会没有任何问题。

只有你才能察觉到这种发展运动，而且只有当你同上天的观念一致时才能察觉到它。你只能让自己沿着正确的方向前行，只要你的方向正确，不出什么意外的话，你也就没什么可害怕的。只要你的观念正确，就不会面对任何问题和灾难，因为此时的你处于上升通道内。

你对整个宇宙的认识在很大程度上塑造了自己的思维模式，如果你眼中的世界是不可救药的，你自己作为其中的一部分，也必然沾染上它的罪恶和缺点；如果你眼中的世界毫无希望，你对自己的看法也不可能充满希望；如果这个世界在你眼中日益沉沦，那你的身上也不会看到进步的影子。只有当你欣赏上天的杰作，你才能看到自己的美好，而只有当你认识到自己的伟大，你才能变得成功。

我反复重复过，你在人生中的位置、所处的物质环境无不由你对自己的习惯性思维模式所决定，你对自己的思维模式一经确定，观念中就会形成与之相应的环境。如果你认为自己无能、低效，你能想到的周围环境也总是破旧而廉价，除非你能看好自己，否则你眼中的自己只能出现在贫困潦倒的环境中。这些观念一旦形成习惯就会围绕在你的左右。待时机成熟会在外力的作用下化作物质形态，最终你就会为自己思想所成就的物质实体所包围。

要将自然看做有灵性并不断发展的存在，人类社会也是如此，因为它们都是发源自同一物质，它们都是完美的。

第十四章

思考，思考，再思考

我们要再占用一些篇幅，对思想这一命题深入探讨一下。只有伟大的思想，才能让你获得伟大的成就，所以这首先是值得你思考的首要问题。只有你思考外部世界重大课题，你才能去做那些伟大的事情；而只有你思考真理，你才能思考那些重大的课题。思考重大课题必须保证自己意图正确，有欠真诚的思考永远不可能伟大，不管它们显得多有道理、多么“聪慧”。

第一步也是最重要的一步，就是去探索人际关系的真相，明白自己如何对待他人，他们就会如何对你。这一切又会让你回过头去寻找正确的视角和观念。你该好好研究一下有关组织、社会是如何进化的，看一些达尔文和沃尔特·托马斯的书，不停地思考，让自己用正确的方式去看待这个世界的万事万物。

下一步是思考自己如何培养正确的人生观念，你的观点会告诉你正确的观念是什么，要遵从自己内心灵魂的呼唤。只有让自己听从上天的意念，你的思考才能纯正真实。如果你的目标是自私的，有不正当的用意或是行为，你的思想就会出现错误而丧失力量。思考自己的做事方法，检查自己的用意、目标、行动，直到确信它们都是正确的为止。

每个人都能粗浅地接收一种观点，但能否深入理解就另当别论了。能认识到在外部世界是件很容易的事，但要意识到在内心上与之沟通就比较困难了。听起来确实不可思议，你所需要的一切就在自己的体内，用不着再去想方设法获得让你成就愿望的力量，只要考虑好如何用恰当的方式利用好已有的能量就可以了。现在就要马上行动，利用你所感知的真理，按照它们的要求去生活，然后你就会在明天找到更多的真理。抛弃旧有的错误认识，让自己认识到人类价值的可贵——每个人都拥有伟大的灵魂。不要盯着人类的失败，而要去看他们的成就；不要去看错误，而要去认识价值。不要把人看得失去方向，正在堕落进入地狱，而必须看到每个人都有升入天堂的闪亮灵魂。

只有通过必要的意志力训练才能做到以上这些，但它恰恰是对意志的正当使用——决定该想些什么并如何思考。意志的功能是为了引导思想，要思考人类好的一面，拒绝接受其他的念头。在这方面，曾两次当选社会党总统候选人的尤金·德布斯给我们树立了最好的榜样。德布斯先生总是对人性有最大的尊重，他从不拒绝为别人提供帮助，没人听到他说过任何不友善或是批评的字眼。任何与之初次见面的人，都会为他表现出来的关怀和兴趣深深打动。所有人，不管是百万富翁、满身尘土的工友还是满身疲惫的妇人，和他见面后都能感受到他内心所散发出的真挚感情的温暖。哪怕是衣衫褴褛的街头儿童，都能得到他温柔的赞美。

德布斯爱每一个人，这让他成为重大活动的领袖，为上百万的人所喜爱，得以名垂青史。能如此地爱人是件很了不起的事情，而只有思想能让你达到这一境界。只有思想能让你成就不朽。

“我们可以把思想家分为两种：为他人着想的思想家和只考虑自己的思想家。后者是主流，前者是另类，但只有这些另类具有双重意义，而那些自私自利的人则只是用高贵的字眼把自己包裹起来。”——叔本华

“想法是了解每个人的钥匙。不论一个人有多么强健而目中无人，他也必须遵守某些观念上的规则，并按照规则整理接触到的所有事实。只有展示给他一些更强大的观念，他才能有所改变。”——爱默生

“所有的真知无不经过千万次的思考，但要让它们变成我们自己的财富，我们还要必须反复思考，让其深深扎根于我们的观念之中。”——歌德

“一个人的外在表现不过是其内心想法的表现和达成，要想自己的行动有效果，他必须深思熟虑。要想有高尚的行为，他必须有高尚的思想。”——钱宁

“伟大的人是指那些认识到精神胜过任何物质力量的人，他们懂得思想统治世界。”——爱默生

“很多人穷其一生不断学习，在临终时他们无所不知，但恰恰没有学会思考。”——多默格

“是习惯性的想法设计出我们的生活，它对我们的影响远比最亲密的社会关系还要大。即便是我们最好的朋友，也不能像我们所拥有的想法那样塑造生活。”——梯尔

“一旦上天对某个伟大的思想家放松警惕，那么整个世界都将面临危险。一切并非天方夜谭，但所有的一切都可能得以颠覆，任何伟人的声誉都可能受到谴责。”——爱默生

要思考，思考，再思考！

第十五章

整个地球终将成为灵性的家园

但如果我们的身边满是贫穷、无知、苦痛和灾难，我们又怎么才能避免不让自己盲目地奉献呢？当一个人面对无数瘦骨嶙峋，渴望得到帮助的双手，抑制住不断给予的冲动确实太难。弱者要面对社会的种种不公正，这让每个拥有热忱、慷慨灵魂的人按捺不住伸张正义的冲动。我们真想马上发动革命，认为只有自己才能承担起这一伟大的使命。面对所有的这些问题，我们必须再次回到观念视角上来，我们要记住，这个世界并非一团糟，而是不断改善的美好世界。

曾经有一段时期，地球上没有生命的存在。地质学的证据无可辩驳地表明，整个星球曾经满是燃烧的气体和融化的岩石，并被厚厚的沸腾蒸汽所笼罩。在这种环境下生命是如何诞生的尚不为人所知，一切简直就是奇迹。地质学告诉我们，在这之后地壳开始形成，地球表面得以固化，蒸汽凝结并降落成雨。冷却的地表出现土壤，水汽聚集形成湖海，最终在水里或是陆地上，生命得以最终出现。

有证据表明最早的生命形态是单细胞生物。在这之后，生物诞生出单细胞、多细胞乃至更多的生命形态。各种各样奇形怪状的灌木、树木、脊椎动物、哺乳动物都演变出来了，就其形式而言都是完美的。诚然有很多的动物和植物还非常粗糙，简直就是史前怪物，但每种生物都在当时满足了特定所需，它们都是完美的。接下来，进化的历史迎来了伟大的一天，那就是迎接人类的诞生。

这是一种在外表上与猩猩差别不大，但在成长与思想能力上拥有天壤之别的生物。他们的灵魂中蕴藏了艺术、美、建筑、音乐、诗歌等无限可能，从任何角度而言都可谓是非常完美。从人诞生的那一天起，人类就开始不断优化自己，并一代又一代地不断发展下去，促使每个人达到更大的成就，获得更好的条件、社会、政府和家庭。

那些回顾历史的人会发现种种糟糕的情形，诸如残暴、迷信、苦难等，他会不可避免地认为上天对自己是多么的残忍，多么有失公正，他们该停下来仔细思考一下，要知道所有的一切要靠人类大脑中蕴藏的力量和潜能得以不断地发展。随着时代不断发展，战争、杀戮、苦痛、不平等、残暴在很大程度上被爱与正义所中和，让人类的大脑逐步进化到可以把上天的爱与正义完全表达出来。

一切尚未结束，我们要实现整个种族的繁荣。那一天也终将会到来，整个地球会成为灵性的家园，没有哭声和哀怨，也没有黑夜，所有的一切都已成为过去。

第十六章

不断重复的想法会变成一种习惯

不要误解心智训练的目的，念各种咒语是没有用的，祈祷和咒语并非是进步的捷径。心智训练也是一种历练，光是靠动动嘴皮子是不够的，它要靠认真思考特定的想法。就像歌德所说，我们会相信自己重复听到的话。同样的道理，我们重复的想法会造就一种习惯，进而造就我们自身。采取心智训练的目的是让自己重复采取关注某个想法直到养成特定思维的习惯，让这种思想相伴一生。如果你能采取正确的方法并理解其用途，心智训练就具有极大的价值；但如果像很多人那样不明其理，结果不仅无效，而且可能会更糟。

下面练习中所蕴含的思想是需要你进行思考的。每天只要练习一两次就够了，但其中的思想却要你一生去思考，也就是说，不要只有在练习时才记得其中的含义，练习不过是为了让你牢记其中的想法。

留出 20 到 30 分钟的时间，躺在安乐椅、沙发或是床上，让自己不受打扰地放松下来。如果你时间很少，那就在上床后或是起床前做这项训练。

首先让自己的注意力游遍全身，从头到脚，调整每一块肌肉，让自己完全放松下来。接下来，不要想任何疾病和机体上的问题。让注意力从脊柱游走而下，传递到每一条末梢神经上。你还要默想："我的每一根神经都非常良好，它们服从我的意志，我有着强大的精神力量。"

然后，再让自己的注意力关注到肺部，默想着："我现在的呼吸深沉而平稳，空气进入到每一个肺泡当中，让它们无不充满活力。我的血液得以充分净化。"接下来是心脏："我的心脏迸发得强劲有力，让我的血液循环保持最佳的状态。"再接下来是消化系统："我的胃肠功能良好，食物得以充分消化和吸收，让我的身体时刻在进行旺盛的新陈代谢。我的肝脏、肾脏、膀胱没有丝毫痛苦和负担地行使其机能。我现在的状态非常好，我的身体得以放松，观念平静，灵魂安宁。

我没有任何财务或其他方面的担忧，我所希望获得的条件都已经齐备。我对自己的健康也毫不担心，因为我的身体非常健康，没有任何值得我担心的事情。

我战胜了所有的邪恶，贪婪、自私和野心。我不会嫉妒、怨恨、仇视任何人。我不会采取任何同最高准则相悖的行动，我总是去做那些正确的事。"

观点。世界上的一切都是美好的，完美但又趋于至善。我要通过这一视角来思考社会、政治和工业生活的所有问题。我要牢记这是个美好的世界，并用这一观点去同自己的亲朋好友、家人邻里交往，他们都很好。宇宙不会出现任何问题，只有我们的观念才会有问题，正因为此，我要有正确的视角。我要抛弃所有影响自己思考的事物，我要用最高的理念去对待自己的人际关系，用我的态度和行动加以表达。我将自己的身体全部交给观念支配，将观念交给灵魂。

理想化。构想自己最想达到的形象，发挥你最大的想象去完善这一图景。“这是真正的我，是我要加以完善和发展所要实现的。我要从这一最高视角去思考自己身边的社会、政治和工业生活。我要记住，一切非常美好，我要用这一最高理念去对待自己的亲朋好友、家人邻居。宇宙不会出现任何问题，只有我的观念会出现偏差，所以我要用正确的视角去看待一切”。

现实化。我有能力成为自己想成为的人，去做我想做的事。我拥有创造力，借此获得所有的力量。我会不断地提高，让自己更加自信，我会凭借我的主宰，去成就一切可能。我将永远充满信心，没有恐惧，因为上天与我同在。

第十七章

力量法则纲要

每个人都由同一种灵性物质造就的，因此所有人都拥有相同的力量和潜能。每个人体内无不蕴藏着伟大的基因，而且可被我们彰显。每个人都能成就卓越，上帝的构成要素同样造就了人类自身。我们能通过实践灵魂深处的创造力来克服种种遗传及环境的不利条件。如果一个人想要成就卓越，他的灵魂必须采取行动，去掌控自己的观念和身体。人的知识总是有限的，无知会使其犯错，将自己的灵魂同宇宙灵性相沟通，才是避免犯错的唯一途径。

宇宙灵性是万事万物得以产生、存在并发展的灵性物质。宇宙的观念通晓万物，能够与之相通的人也就可以无所不知。一个人必须摒弃所有的非道德诱惑，按照自己的最高理想来做好每一步的行动。他必须掌握正确的观念，相信所有事物都是好的。他必须认识到整个自然界、社会、政府和工商业相对于所处阶段而言都是完美的，并通过不断发展而更加完善。他必须相信无论何处的人都是好的，一起去让所有的事物趋于至臻。

一个人必须将自我献给他内心深处的最高指引，听从他灵魂深处的声音。每个人的内心都拥有一座灯塔，为他照亮通往最高指引的道路，如果一个人想要成就卓越，他就必须寻着光线前行。他必须对自己所获知的真知有着绝对的信念，并立即在家庭中实践这些真知。一旦在细小的事物上发现真实、准确的方法，他就必须实践这些方法。他必须停止缺乏思考的行动，开始学会借助思想，并对思想保持绝对的忠诚。他必须在头脑中塑造自己最为崇高的形象，并使之成为自己的习惯性思维模式，在观念上牢牢把握，并在行动中勇敢地表现出来，用伟大的方式去做一切事。在处理与家人、邻居、亲朋的关系时，他必须保证每一个行为无不是崇高理念的表达。

一个拥有正确观念并充分相信自己可以成就伟大的人，如果他能在处理问题时将崇高理念表达出来——不论事情是多么琐碎——就已经实现了卓越，因为他所做的所有事情无不是用伟大的方式完成的。他会让自己为人所知，在众人眼里性格充满力量。知识将通过激励为他所有，他会学得需要获取的一切。他所设想愿景中的一切物质素材都会到来，身边永远不会缺少美好的事物。他将逐渐具有应对所有复杂情况的能力，让自己不断提升，并且这种提升迅速而持久。伟大的事业会落在他的肩上，所有人都会以其为荣。

本部分对读者来说有着非同一般的价值，我要在结束之际引用爱默生的论文《论超灵》，这篇伟大的文章构造了一元论和成功理论的基石。我强烈推荐每一位读者结合本书一起仔细品味。

什么是普遍意义的渴望和无知？伟大的灵魂总是借用精妙的暗喻

来表达自己的诉求。人类为什么感到自己的自然史没有被记录下来，受到的评价总是远远地将其抛在后面。玄学是没有价值的，6000年的哲学研究也没有探寻到灵魂的内核。在诸多分析的末尾，总是留下一个个未解之谜。

人类就像是一条河，它的源头隐隐不见，我们所拥有的来自于尚不得而知的某处。即便是最精确的计算器也无法预知下一刻会发生什么，我们要努力多去思考一切最终的源头，而不仅仅去关注自己。

当我看到奔腾的河流，穿过不知多少岁月，从不为所知的领域迎面而来时，我衷心地感到自己得到了眷顾。我能怀着崇敬的心赞叹这河水，让自己发自内心地去接纳馈赠，获得一种完全不同的力量。那时人所拥有的，是完整的灵魂，是智慧的沉默，是无限的美，所有的一切得以平等地联系，形成永恒的一体。

我们并不能每时每刻享受这种完美自得，所有的力量和祝福只有当注视和物体、幻想和奇迹、主体和客体统一时才能实现。我们总是将世界割裂开来看，太阳、月亮、动物、树木，丝毫不见它们是一个整体，是组成灵魂的闪光要素。

只有借助智慧的视角，我们才能读懂岁月的观念；只有凭借我们最良好的思想，用每个人暗藏心底精神的预言，我们才能听懂岁月之声。这样做对于一些人来说显得徒劳无用，对此我不敢苟同。我的言语并非自带威严，它们简短而冰冷，只有那些能读懂意思的人才可以获得激励。他们的言辞该是充满感情而又亲切悦耳的，像扬起的风一样无处不在。即便用我世俗化的语言，我仍然希望能够阐发一些真理，愿意和所有人分享从最高法则中所获取的质朴能量。

如果我们仔细思考对话、空想、懊悔以及激情、惊诧、梦境中的一切，我们就会发现自己戴着厚厚的面具，用滑稽的伪装扩大了真实的元素，用自己特别的意识强加其上。我们本该去抓住那些能扩大我们认识本质的种种暗示。

一切表明，人类的灵魂不是器官，但可以激活或训练所有的器官；它不是一种功能，像记忆、计算或比较那样，但可以操纵这些功能；它不是能力，而是一盏指路明灯；它并非是智力或是意志力，而是二者的幕后主宰。它构成我们身为人类最广阔的背景，是每个人未曾拥有也不能拥有的无限。从我们的内心或是背后，一束光线穿越我们照到物体上，让我们意识到自己的渺小，只有光束才是全部。一个人只是一座神庙的外表，所有的智慧和美好无不蕴藏在内。我们貌似懂一个人，尊敬他，但其实我们尊敬的不是其本人，而是其灵魂。灵魂通过他的动作表达出来，让我们心悦诚服；通过智力外化，变为潜能；通过感情表达，化作爱。

灵魂的发展速度不能通过数学计算，而要遵循其自身法则，它并非是直线上两点之间的距离，而好比卵化作蛹，羽化为蝶。天才的成长有着特定的特征，并非上天先选中亚当，然后是理查德，让每个人认识到存在不足的痛感，但经历成长苦痛能让一个人从工作中脱颖而出。通过每次飞跃，观念都会将外壳撕裂一点，在无限的世界中获得灵感。它将与真理交流，与奇诺、阿里安这些哲人沟通，而不会故步自封、闭门造车。这就是智力和精神的发展法则，简单地提升并走向多样化，涵盖所有的价值在内。灵魂的高度要超过所有特定的价值。

灵魂需要得到纯净，但纯净不等于灵魂；灵魂需要公正，但不限于公正；需要仁慈，但要比仁慈还好。当我们不谈道德的本质而只是追求某一种价值时，我们就会感到失落和不适。原因正是灵魂存在于所有纯净的行为中，所有的价值都是自然的，并非要经历痛苦才能获得。只要与自己的内心交流，人就会突然觉悟。

智力的发展释放同样的情感，并遵循同样的法则。一个拥有人性、公正、爱和激励品质的人，可以驾驭科学和艺术，善于雄辩和诗歌，因为得享道德祝福的人就能拥有这些特殊的能力，就像爱能被公正地赋予到每一个对象上一样。

THE WISDOM
OF WALLACE D. WATTLES

健康法则

前　言

本书的第二部分《力量法则》主要是针对那些希望成就卓越的人，同样，本部分则为那些希望保持健康的人提供指导和实用指南。本书并非理论作品，在本部分中，也同样将指导你如何应用宇宙生命法则。我在写作时力图简洁明快，读者即使之前没有接触过新思想运动或是玄学，也能按照本书获得健康的身体。因此书中只保留基本内容，去掉了所有的冗余之言，我没有使用任何专业、晦涩的词语，而且这一原则贯穿了全书的始末。

正如标题所说，本书所涉及的是法则，而并非推想。宇宙一元论——物质、观念、意识、生活无不是一种物质的外在反映——现已为多数思想家所接受，如果你也同样接受该理论，恐怕你很难否定最终得出的推论结果。而且更有力的证据是，书中的观点无不经过包括作者在内成千上万人历经 12 年的实践，并一直获得了成功。

我可以肯定地说，身心健康法则是有效的。不管在哪儿，它都能像万有引力定律一样发挥效果。只要你的身体未遭严重损害，生命还可以得以延续，你就能获得健康；只要你能用特定的方式思考并行动，你就能获得健康。

对于希望获得更多有关饮食自发性功能表现的人来说，我推荐阅读贺拉斯·弗莱彻以及爱德华·胡克·杜威的作品，你可以从中找到更多支撑信念的素材。但如果你去阅读那些与之相冲突的理论，我要警告你这并不可取，因为如果想获得健康，你必须全身心地关注正确的思维和生活之道。

要记住，本部分已经足以在各方面为你提供指导。只要努力按照书中所写的去关注自己的思想和行动，在每个细节中都去实践，你就能获得健康。如果你已经非常健康，则可以继续保持。

相信以上的话，你就能获得健康这一无价之宝。我对此深信不疑。

华莱士·沃特尔斯

第一章
信念加上个体应用

在应用身心健康法则之前，你也要像学习获得财富法则一样了解一些基本的原理。在此，我们强调一下：健康意味着机体功能的正常协调运转，而正常运转则源自生命法则的自然运动。

宇宙要遵从生命法则，某种活性物质造就了万物。这种物质充斥、渗透进宇宙的每一个角落，遍布所有物质形态。它就如同妙不可言且不断扩散的介质，构成万物的起源——它的生命就是万物的生命。

人类也是由该活性物质构成的，当然也要遵从健康之源（根源）的作用。如果健康之源能对某个人产生积极效果，它就能使其自然机能得以正常发挥。不论是针对何种系统，采取任何治疗措施，正是健康之源才最终发挥了治愈的作用。而要想使健康之源产生积极效果，就必须学会用特定方式思考。

我要对此进一步加以说明。我们都知道根据不同情况采取不同的治疗措施，其中很多甚至完全是大相径庭的，背后透漏出的是不同的治疗理念。对抗疗法者会开出大剂量的解毒剂，病人会得以治愈；而顺势医疗论者则会针对同一病症谨慎用药，而结果是同样能够治愈疾病。如果前者能够治愈某种疾病而后者却无法做到，或是相反的情况，我们反倒容易理解。两种方案无论是理论还是实践都是如此的矛盾，但均能发挥治疗作用，甚至同一所学校毕业的内科医生们的治疗方法也是千差万别的，这难道不奇怪吗？

带着同一消化疾病的病例去咨询多位医生，比较他们开出的药方，你会发现几乎没有重样的方子。这难道不该让我们推想病人该是被健康之源治愈的，而不是那些千差万别的处方吗？不仅如此，我们还发现正骨疗法治疗脊柱，通过祈祷施行信念疗法，食物学家会开出菜单，心理学家通过意念，还有保健专家等都有着各自不同的方法。

面对以上事实，恐怕只能相信每个人都只依靠健康之源治疗疾病，不同的治疗方法只不过激发其发挥作用而已。不管是药物、推拿、祈祷、食物还是信念等，只要它们能借助健康之源，就会导致积极的效果，而反之则会失败。

我们难道还不能得出结论吗？效果取决于病人如何看待治疗，而绝非取决于葫芦里卖的什么药。

真正能发挥治疗效果的恰恰在于病人自身，而并非体质或是头脑上的方法，一切取决于病人如何看待这些方法。宇宙生命法则具有强大的治愈力，而每个人的体内都可以借助健康之源来与之相联系，根据一个人所想来引发休眠还是活跃，而通过特定的思维方式，就能使其快速地发挥作用。

记住，身体健康与否不取决于采用何种方法，或是采用何种治疗措施，同样的疾病会用多种方式予以治疗。它也不取决于气候，处于同样气候中的人，有的人健康有的人则会生病。它不取决于职业，当然那些在有毒有害环境下工作的人除外，人们在所有行业中都能获得健康。总之，你能否健康要靠你是否开始思考并行动——通过特定的方式。

人类针对特定事物的思考方式受他对该事物的信任度影响，他的想法取决于他的信念，而结果则取决于他个人对信念的应用。如果一个人对药物的效果深信不疑，并能将这一信念应用于自身，则药物就肯定会促使其痊愈。但即便信念非常强大，如果他不懂得应用，也就不能发挥丝毫的效果。很多病人对他人存在信念，但唯独忘了相信自己。如果一个人相信食疗，那就通过食疗去应用信念，必定能收到很好的效果。如果一个人更信赖祈祷并将其加以应用，祈祷等就会让他收获健康。

信念加以个人应用就会产生疗效，因此不论信念有多么强大，思想多么持久，如果没有个人应用也就没有效果可言。身心健康法则同样包括两部分：思考与行动，仅仅用特定方式思考还不够，他还要将想法应用到自身，将同样的思考方式通过实践外化到自己的生活当中去。

第二章

信念的基石：让生命得以完善

在一个人学会用特定方式思考来治愈其疾病之前，他必须相信以下真理：万事万物无不发源于同一种灵性物质，该物质以其原始形态弥漫、渗透、充斥着宇宙的每一个角落。所有的可见物质无不由其创造而成，虽然该物质的形态是不可见的，但却蕴藏在所有它创造的可见物质之中，灵性物质的生命和智慧存在于万事万物。该物质为想法所创造，通过化作幻想的形式来予以实体化，有关形式或是行动的想法相应产生形式或是行动，灵性物质不同方向或位置的改变就相应造就了不同的形态。

当源物质希望造就某个既定的形式时，它会产生创造该形式的动机。当它想要创造一个世界，它会思考最终的形态——可能会穿越多个时空。当它想要创造一颗橡树，它也要花费几十年思考最终的运动形态，并最终使大树得以产生。千差万别形态的结果在发展初期就被确定下来，种瓜得瓜，种豆得豆。

人体也是由源物质产生的，最早发端自源物质的想法，继而成为特定形态的产物。产生、更新、修补身体的形态就称作功能，其大体可分为两类：自主的和非自主的。非自主功能受到人体健康之源的控制，只要人以特定的方式思考，就能表现出健康的状态。自主的功能包括吃喝、呼吸和睡眠，这些事物至少有一部分在人的意识控制之内，只要他愿意，就可以用健康的方式完成这类机能。但如果他不想采取健康的方式，那么他的身体就会出现问题。因此，我们可以认识到，只要一个人用特定的方式思考，并用相应的方式来让自己吃喝、呼吸和睡眠，他就可以拥有健康。

而人的非自主功能受到健康之源的控制，它取决于人是否用健康的方式来思考，因为健康之源的活动在很大程度上受到人有意识观念的引导，并影响其潜意识。

人是思维的核心，可以产生思想，因为认识的局限性，导致人的思维会发生偏差。人并非无所不知，这使得一个人深信不疑的事物可能存在谬误。想法中持有的病态或是不正常的功能及条件，会让健康之源的活动走上歧途，最终使得体内出现疾病或种种异常的现象。

只有源物质才蕴藏着完美的形态、健康的功能以及完美的生命。但在漫长的岁月中，人脑中装满了生老病死的念头，这种扭曲的念头甚至成为种族遗传的一部分。我们的祖先一代又一代地对人体和功能持有不正确的观念，让我们潜意识里与生俱来形成缺陷和疾病的概念。这都不是自然的，自然并非是这样安排的。

自然只有一个目的，那就是让生命得以完善，这是生命的真正本质。生命就是要不断发展求得完善，发展是生命的必然结果。仓库里的种子拥有生命，但只有把它放进土壤中，它的生命才得以激发。它会成长结穗，产生更多的种子，孕育出更多的生命。

生命就是在生存、发展，发展离不开生存，生存是生命的基础推动力，源物质不断运作、创造正是对基础推动力的有力回应。

宇宙就是一个永恒发展的生命体，自然的目的是将生命发展趋于至臻，发挥其更完美的功能，完美的健康符合自然的目的。

自然的本质就人类而言，是要求他不断发展去拥有更丰富的生活，让自己的人生趋于完美，在现有的活动范围内享受最彻底的人生。

一切本该如此，因为人的本性在于寻求更丰富多彩的生活。给小孩一张纸和一枝笔，他就能笨拙地画出图形，源物质想通过他来表达美；给他一些积木，他就会试着开始搭建，源物质想通过他来表现建筑；让他坐在钢琴旁，他就会弹出曲子，这是源物质想通过他表现音乐。源物质总是想创造出更多形态，只有一个健康的人才能有更多彩的生活，因此自然之源当然要寻求健康，因此人的正常状态该是完全的健康，自然界以及人体内的一切都在向着健康的方向发展。

源物质的思想中毫无疾病的影子，因为它的本性在一直朝着完全和完美的生命健康发展。一个生活在无形物质思想中的人拥有完美的健康，而疾病，这种错误观念所形成的不正常或是扭曲的功能，当然是为灵性物质的思想所不容的。

无限智慧的观念中是不存在疾病的，疾病完全是人的个体思维的产物。

综上所述，健康是一种本质或是真理，它是创造我们的源物质的属性，而疾病则是由于人的错误观念，过去的或是现在的所导致的错误功能。如果一个人针对自己的观念只有完美的健康，他就只会拥有完美的健康。而一个人如果健康出现问题，则源于他不能正确地认识健康，进而不能用健康的方式去发挥生命的自发功能。

我们要对身心健康法则作简要的总结。有一种灵性物质创造了万物，并且以其最初形态弥漫、渗透、充斥着宇宙的每一个角落。它是万物的生命。源物质的构想创造出了形态和观念。对于人类而言，源物质的思想只包含正常的机能和完美的健康，人是思维的中心，可以产生想法，他的想法可以掌控其自身机能。如果思考那些不正确的想法，他就会获得疾病甚至扭曲的机能；如果他以不正当的方式去行使其自发功能，其结果只能是疾病和痛苦。

如果一个人的观念中只有完美的健康，他就能让自己的机能处于健康的状态。所有的生命活力都会助他一臂之力。但只有当人能用健康的方式发挥外在或是自发的功能，健康的机能才能得以延续。一个人必须首先学会如何思考完美的健康，接下来是学会如何用健康的方式去吃饭、喝水、呼吸和睡眠，如果一个人能做到这两点，他就会收获健康并且永远保持下去。

第三章

生命力造就了功能的发挥

人体充满着持久的能量，能够随时更新，自动排除废物和毒素。当其受损或受伤时也能得以修复。我们将这种能量称为生命力，生命也并非由身体制造、产生的，而是它产生了机体。

仓库中经年保存的谷粒一经播种，就会生长发育，成为一株谷物。但生命力不是在谷物成长过程中形成的，而相反，是它促成了谷物的生长。机能的发挥没有造就生命，而恰恰是生命造就了机能的发挥。生命力在先，继而有了功能。

生命力是有机物和无机物的区别所在，它并非是物质构成后产生的，而是促成物质构成的源头或力量，它创造了有机物。源物质天生蕴含有生命力，所有的生命是一体的。

万物中的生命之源即是人类的健康之源，如果一个人能采取特定的思考方式，就能发挥出其建设性的积极效果。无论是谁，只要让行动与思想相一致，就肯定能拥有完美的健康。但要记住，一定要相一致才行，不能指望光是幻想而自己生活方式却一团糟还能保持健康。

世间的生命法则就是人类的健康准则，它与源物质息息相关。源物质创造了万物，它充满生机，构成了宇宙生命之源。凭借思考不同表征和功能，源物质得以化作万物。源物质的观念中只有健康，它深谙真理并无所不知，拥有无与伦比的能量，它的能量是所有力量之源。一种通晓所有真理并拥有全部力量的独立意识生命体是不可能犯错的，正因为源物质知悉一切，所以它不会呈现病态或是思维发生紊乱。

人是源物质的产物，拥有独立的意识。但人的观念是有限的，因此难堪完美。正因为受制于有限的知识，一个人就一定会思维出错，导致自己的机体出现异常，而人自身尚对此了解不多。病态的思维未必直接引发疾病和机体问题，但如果思维形成习惯，那么结果将肯定发生。一个人的思维必定会在身体上带来相应的结果。

同时，我们也不知道该如何以健康的方式行使自发性机能。该何时用餐、吃些什么、怎样去吃，很多人了解不多；关于呼吸和睡眠，很多人所知有限；很多人看待这些问题的方式是错误的，又或者用错误的条件去做这类事情……所有这些都是因为忽视健康知识的引导而导致的，很多人不懂得要遵从内心这个逻辑，要顺应自然而并非我行我素。总之，很多人在这一问题上犯了错误。

正本清源是唯一的补救办法，每个人都能做得到。本书正是要教给读者掌握这些知识，不再犯同样的错误。

病态的思想产生疾病的形态，一个人必须学会如何掌握健康思维，因为源物质会形成想法的表征，思维观念健康的人会产生健康的体态和正常的机能。不管是对抗疗法还是顺势疗法所治愈的人，实际上无不被特定思维方式所治愈。没有一种药物拥有治疗疾病的能力，那些被祈祷治愈的人也是被特定的思维方式治愈的，没有哪串文字有着治愈的魔力。不管采取什么办法治愈病人，真正发挥效力的是特定的思维方式，我们可以通过简单的试验来看一切是如何发挥作用的。

特定的思维方式包括两种要素：信念和对信念的应用。就是依靠这二要素，特定的思维方式才可以让你身心健康。首先要做的是自信地确信自己会拥有健康；其次，观念上同疾病割断联系，只同健康观念保持沟通。观念能变成现实，我们要让观念和身体合为一体。如果你的想法总是同疾病联系起来，那么你的思想就必定会让你生病。而如果你的思想总能同健康相联系，你的思想就会成为成就健康的力量。

对于那些被药物治愈的人们来说，过程是相同的。他们总是有意无意地对药物有充足的信念，使自己足以在观念上同疾病断绝联系，并让自己具有健康的思想。

信念可能会是无意识的，我们很多人可能在潜意识里或是天生对于药物存在信念，而这种信念对于激发健康之源发挥功效已经足够，这就是很多看似信念不强的人能够得以治愈的原因。而一些拥有强大信念的人之所以未被治愈，是因为他们不能应用于自身，他们的信念过于泛泛，并非针对他们的自身病症。

在学习身心健康法则时，我们要考虑两个大问题：一是如何带着信念去思考；二是如果将思维作用于自身，让健康之源能够得以发挥效用。

让我们首先来学习一下该如何去思考吧。

第四章

想象自己足够健康的模样

要想在观念上切断与疾病的关联，必须首先在精神上与健康建立起良好的沟通。营造积极向上的过程，而不要悲观消极——前者是肯定的态度，后者则是否定的态度。你要做的是不断靠近健康而不要去否定疾病，否定疾病是没有意义的，只要你能在观念中同健康保持完整而连续的关系，自然而然就会同疾病切断联系。

那么，身心健康法则的第一步就是要同健康保持完整的观念上的联系。要做到这一点，最好的方法就是要构想关于自己健康的愿景，想象一个足够强壮而且健康的形象，用足够的时间来思考这一愿景，让它进入到你的习惯性思维当中来。

这说起来容易做起来难。它需要花费很多的时间来构想，而且并不是所有人都能让自己形成一个完美而理想的健康形象。实践获得财富法则时，构造愿景倒是相对容易些，因为我们至少见过我们想得到的东西，能轻松地检索出它们的样子。但大多数人都不知道拥有最佳状态的自己是什么样子的，因此也就很难去想象了。

实际上，没有必要让自己对理想的形象有一个清晰的观念，只要对完美的健康形成概念而且让自己与之相联系就可以了。健康的概念并不是要有具体的形象，而是能对健康有所领悟，并让身体的每个部位和器官去应用这一理解。你或许会幻想自己拥有健康的体魄——这很有帮助——而你更应该做的，就是让自己幻想拥有健康的体魄去做每一件事。

你要想象自己行走在路上时身材挺拔、步伐矫健；幻想工作中的自己毫无压力、活力四射而且不知疲倦。你要想象一个健康而充满能量的人是如何工作的，你就要按照这些方式去做。不要去想那些虚弱或是病态的人在如何工作，多花时间去思考强健的工作方式，让自己对健康有足够的理解，将自身同强健的工作方式联系到一起。这就是我所指的健康概念。

要想让身体的每个部分发挥良好功能，我们没必要学习生理学、解剖学来了解每个器官的功能，没必要“处理”自己的肝脏、肾脏、胃或是心脏，人体内的健康之源统领着他所有的非自发机能，完美健康的理念会被健康之源打上深深的印记，作用到每个部位和器官上。一个人的肝脏不是被肝脏之源控制的，胃也并非受辖于消化之源，诸如此类，健康之源是唯一的。

而且，你对生理学的细节研究得越少，反倒对你越是有利。我们在这方面的知识很不完备，容易引发不正确的观念，继而造成机能出现问题，导致疾病的出现。举例来说，生理学家认为一个人如果缺乏食物，最多只能支撑 10 天，只有在非常极端的情况下，才可能活得长些。因此，造成的普遍观念是，一个人在无法进食时最多支撑5~10天，那些因为沉船、意外事故、饥荒而缺少食物的人，在这一时间段内多会死亡。

然而，根据坦纳博士（一位坚持40天的禁食者）的实践，杜威博士等研究禁食疗法的成果，以及无数曾成功禁食40~60天的人的试验，证明了人在缺少食物情况下的能力表现远比之前设想的要强。

任何得到正确指导的人，都能禁食20~40天，而让体重几乎毫不受影响，体力也没有明显的损耗。那些在10天之内饥饿而死的人认定死亡是不可避免的，错误的生理学知识让他们对自己产生了错误的认识。当一个人缺少食物时，他的死亡时间取决于他所受到的指导，或者说，取决于他的认识。你也可以看到错误的生理学会产生多么恶劣的结果了。

在现有的生理学知识找不到健康法则的内容，同身体的内部工作机理相比，它所能提供的知识既不充足、也不翔实。我们不知道食物是如何得以消化；不清楚食物在产生能量方面扮演的角色；不了解肝脏、脾脏、胰脏在消化过程中起到的作用。在诸如此类以及更多的问题上，我们不断研究但仍不能完全知晓。

只要一个人开始学习生理学，他就会进入理论和争议的国度。他要面对各种相悖的观念，最后让自己形成错误的认识，导致产生各种错误的想法，继而歪曲机能，让疾病得以产生。只有最完善的生理学知识才能使人思考完美的健康，教给他如何去吃喝、呼吸、睡眠。因此就目前的情况而言，一个人完全可以不去学习生理学、保健学。我们要在之后的章节中阐述一些基本的建议，但除去那些建议外，还要记得不要关注生理学和保健学，它们只会让你的观念中充斥错误的念头，并且在你的身体上显露出种种问题。

实际上，任何去认识疾病的“科学”都不值得去学习，你要做的是要思考健康。不要去探寻你的身体状况、起因和可能的后果，要把精力放在如何让自己形成健康的概念上来。要去思考健康和健康的可能性，去认识健康的体魄完成工作的样子和结果，抵制任何与之相悖的想法。与疾病或是机能缺陷有关的任何想法一旦出现，要马上用与健康概念相协调的念头将之驱除出观念之外。

自始至终都要让自己把握住健康的概念，认为自己是强壮而健康的人，而不要有丝毫怀疑的念头。你要相信，只要你能让自己的愿景与健康概念一致，身体里每个角落的源物质就会按照构想组合成形，你的身体就能在健康细胞的代谢下保持最佳状态。

灵性物质造就了万物，它充斥、渗透于万物之中，因此当然也存在于我们的体内，并根据想法发生变化。一旦你能牢牢把握住健康机能的念头，它就会为你体内引发完美健康的进程。所以，一定要让自己抓住健康观念，不要让自己有任何其他的念头。要相信这一切是事实、是真理，是与你的精神身体有关的真理。

除却你的肉体之外，你还有精神身体。后者的形态取决于你对自己的理解，一贯的思维方式就会让你的肉体朝着相应的形象发生转化。适时将完美机能的念头播种在观念身体内，就会让肉体保持极佳的状态。

肉体到观念身体的转化绝非是一蹴而就的，通过创造与再创造，源物质沿着既定的成长路线前进，健康观念的作用将会引发机体内的细胞代谢。健康思维会带来完美的机能，而完美的机能则造就无比健康的身体。

本章可以概括如下：你的肉体渗透、充满了灵性的物质，它们构成了你的观念身体。观念身体控制肉体的机能发挥。有关疾病或是机能缺陷的想法一旦作用到观念之上，就会相应地引发肉体上的疾病或是功能缺陷。这些想法或是出于你自身或是来自你的父母——我们生来就会受到很多潜意识的影响，不管错的还是对的，但所有观念的自然趋势无不趋于至善。健康是大势所趋，只要让自己的意识中满是健康的观念，所有的外部机能就能用健康的方式得以发挥。

你身上所蕴含的自然能量足以克服所有的遗传影响，只要你能学会控制自己的思维，让自己充满健康的想法，用健康的方式发挥那些自发性的功能，你就能让自己拥有健康。

第五章

信念来自于对健康的确信不疑

信念是推动健康之源的动力，只有它才能使你同健康联系到一起，并切断你在观念上同疾病的关联。只有保持对健康的信念，才会让你放弃思考疾病，否则你就会不停地质疑，而质疑会导致恐惧，最后观念会将你同恐惧的事物本身联系到一起。

如果你害怕得病，你就会总是想象自己得病，让自身体内产生疾病的雏形。就像源物质化作观念上的物质一样，观念身体也将按照你的构想得以成形。如果你总是纠结于病症，毫无疑问，你就会让身体产生疾病。

让我再就此扩展一下，想法中所蕴含的万能创造力是信念赋予的，没有信念的想法就不会产生实体。洞悉一切真理的无形物质观念之中只有真理，它的每一个想法都蕴含着足够的信念，因此它的所有想法都可以幻化成形。但如果你的想法毫无信念可言，这个想法就不能够促使源物质发生改变。一定要让自己记住，只有包含信念的想法才蕴含创造力，也只有这一类的想法才能改善机能，或是促使健康之源发挥作用。

如果你对健康毫无信心，那意味着你对疾病倒是信念充足。如果对健康没有信心，光是思考健康对你毫无益处，因为你的思想软弱无力，丝毫不能改变你的处境。我再强调一遍，如果你对健康毫无信心，那意味着你对疾病倒是信念十足。在这种情况下，一天花上十小时思考健康，然后在花几分钟琢磨疾病，疾病的思想反而会决定你的处境，因为它具有信念的力量。你的观念身体就会随之逐渐显露病态，那是因为你的健康思想没有足够的动力去扭转乾坤。

要想实践身心健康法则，你必须对健康怀有十足的信念。信念来自于确信不疑，好了，我们现在要解答一个问题：要想拥有健康的信念，你都要相信什么呢？

你要相信自身和你所处的环境中，健康积极的力量要超过疾病消极的力量，只要你能认识到以下事实，你就会对此深信不疑：某一种灵性物质创造了万物，它以其原始形态渗透、弥漫、充斥着宇宙的每一个角落。该物质所蕴含的思想形式可以幻化成形。对人类而言，源物质的思想总是与完美健康和良好功能相联系的，不管是在人的体内还是体外，总是去积极促成健康的实现。

人是思想的中枢，是思想的发源地，在他的肉体内还藏有一个由源物质组成的观念身体，后者所蕴含的信念决定了前者机能的发挥。如果一个人能带着信念去思考健康的机能，假设他能用对应的方式去发挥其外部功能，他就会促使其内部机能表现健康；但如果一个人相信疾病的发生，或是担心疾病的力量，他就会使其内部机能逐步具有疾病的表征。

原始灵性物质存在于人体之中，从各个方面影响一个人，朝着健康的方向发展。人类处于一个无边无际的健康海洋之中，而他能从大海中汲取多少能量取决于自身的信念。如果他能用毫不质疑的信念与之融为一体，他就能永葆健康，因为源物质的能量是无穷的。

相信以上论断是获得健康信念的基石，如果你对此深信不疑，相信健康才是人的本质状态，人生活在宇宙健康的中心——所有的力量都促成健康的实现，所有人都能拥有健康，你就会相信宇宙的健康力量要比疾病的力量强何止万倍。实际上，疾病毫无力量可言，它不过是扭曲的思想和观念的结果。只要你相信自己能得到健康，你就能肯定拥有它。而你如果清楚地知道自己该如何去拥有它，你就会对健康产生信念。如果你带着信心阅读本书，并有决心按照书中的指导去实践，你就能拥有健康的信念和知识。

当然，除去要有信念外，你还必须按照信念的各种要求加以应用才能产生效果。你必须一开始就认定自己是健康的，形成针对健康的概念，让自己拥有完美的健康形象，然后满怀信心地告诉自己你完全理解这一概念。

不要断言自己会获得健康，而是要相信自己现在已经非常健康了。对健康满怀信念并将其应用于自身，这意味着对自己的健康满怀信心。第一步工作就是要对此深信不疑。

观念上要采取健康的心态，并且不要让自己的任何言行与之相悖。永远不要去说任何同“我无比健康”相矛盾的话，不要有任何与之相矛盾的心态。走路时，要迈着轻松的步伐，挺胸抬头。时刻留意自己的一举一动及思想活动，按照健康的标准要求自己。一旦发现自己的心态乏力，展露病态，马上要让自己有所改变：挺起胸，想那些健康、充满力量的事物，除了想象自己是个健康的人之外，不要有其他任何杂念。

能有助于应用信念的是学会感恩，任何时候想到自己的状态正得以改善。如果你能认识到健康的恩赐正源源不断地涌向你，振奋自己的意识，为自己能拥有健康的观念和身躯而感恩吧。无论何时，都要让观念中充满感恩的念头，在自己的言谈中体现出来，感恩的念头会帮助你拥有并控制自己的思维。

只要有疾病的念头，马上用健康的宣言予以阻击，并感谢上天你所获得的健康，让疾病的想法无处栖息，将任何与疾病有关的想法拒之门外。方法就是相信自己是健康的，并感谢上天你所获得的健康。坚持下去，陈旧的想法就不会在你的脑海中浮现。

人体的健康之源从宇宙的生命之源那里获得能量，一个满怀信念与生命之源相联系，对他所获得的健康心怀感恩的人会永葆健康。

而通过借助其自身意志力，一个人就能培养信念和感恩的态度。

第六章

用意志力去强求内部机能的发挥

在实践身心健康法则时，意志所起的作用并非是让你去做超过能力范围的事情，你也不必去将意志强加于身体之上，用意志力去强求内部机能的发挥。

你要做的是将意志加于观念之上，帮助你决定该信任什么，该思考什么，该注意什么。不要把意志加于任何外部人或事物上，也不要将其作用于你的身体，意志的唯一用途就是决定你的注意力该放在哪些事物上，并决定你该如何去思考这些事物。

任何信念发端于信念的意愿，你肯定不能马上对自己观念引导的事物产生信任，但你可以一直引导自己去信任那些想要相信的事物。想要对健康的真理产生信念，那么你可以用意志引导自己这样去做，这是通往健康之路的第一步。

你必须让自己相信下面这一段话：如果一个人总是产生完美健康的

念头，假设其外在自发性行动和观念能与想法保持一致的话，他就能使其内部非自发机能进入健康模式。如果你相信这些，你必须马上将其付诸实践，只有行动才能让你的信念得以增长，而如果你反其道行之，结果对你没有任何好处。如果你的行为举止像个病号，你怎么可能对健康产生信念呢。如果让这种状态维持下去，你肯定会把自己当成一个病人，最终，你就把自己造就成一个病人了。

要想在外部表现得像个健康的人，首先要在内在构造一个健康的形象。构想你的完美健康概念，思考它，让它对你而言具有具体的含义。想象自己像个无比强健、健康的人那样去行事，要相信自己能做到这一点，牢牢地把握这一愿景，让自己头脑中拥有鲜活的健康概念和含义。

本书中我所使用的健康概念，包括一个健康的人如何看待事物并做事。将你自己同健康联系到一起，想象自己像健康的人那样去生活、行动、做事，让自己确切地了解健康的含义。正如我在以前的章节中所说的，构想具有完美健康形象的自己或许难度较大，但想象自己像健康的人那样行动就要容易得多了。

要构想出健康的概念，并让自己的思想同完美健康保持沟通，如果可能，还要与其他人联系起来。当脑海中浮现疾病时，马上将其排斥掉，不要让它溜进你的观念之中。根本不要接纳或是考虑它，用健康的思维予以回应，要时刻对自己拥有的健康心存感恩。

无论何时，当疾病的观念如暴风雨般侵扰你时，要学会将感恩作为遮蔽所，将自己同上帝保持联系，感谢上帝赐给你的完美健康。你会发现自己能够很快控制想法，去想那些你希望具有的想法。一旦质疑、磨炼、诱惑出现，感恩就像是中流砥柱，牢牢地确定你的坐标。

要牢记，最关键的一点是要在观念上断绝所有与疾病的联系，与健康保持全面的精神沟通。这是观念治疗方法的关键，是所有要求的全部。

训练自己的意志力只去选择那些健康的念头，合理地安排周围的环境，使之契合健康的思想。不要与那些容易联系起死亡、疾病、畸形、虚弱、衰老的图书、图片为伍，多去关注那些释放健康、活力、欢笑、生气、青春的想法。当你碰到任何一本暗示疾病的书，不要去理它。

带着你对健康概念的思考和感恩，去重新确认以上的建议吧。将你的注意力集中到健康思想上去，在接下来的内容里，我还要继续阐述这一点。言简意赅地讲，你必须只去考虑健康，只去注意健康，把全部的注意力放到健康上，由此你必须借助意志来控制自己的想法、认知和注意力。

宇宙中的所有事物都是为你成就健康服务的，你面对的唯一障碍就是有关疾病的自身惯性思维，而只要能针对健康养成另外一种思维习惯，你就能克服它。

一个人只要能坚持用特定方式思考，并用相应的方式展现外部机能，他就能让身体保持健康。用特定方式思考取决于控制注意力，而控制注意力则有赖于发挥意志的作用，毕竟，一个人能决定自己去想些什么。

第七章
强化自己获得完整生活的目标

在本章中，我要阐明人类是如何从能量和力量之源那里获得健康的。

依靠智慧所带来的正确思考能力，人得以控制并引导自身想法，避免错误的思维观念所制造的障碍。有了智慧，你才能为满足特定需求选择合适的方案，为达到最优结果为自己选择最佳路径，你会明白该如何去做自己想做的事。你会发现智慧是上帝的属性之一，因为上帝洞悉一切真理。

人的生活方式大体可分为三种：为满足身体所需而活；为满足智慧所需而活；为满足灵魂所需而活。第一种通过食品、饮水等来满足身体需要；第二种需要做那些获得精神满足的事情，例如满足对知识的渴求，追求更精美的衣物，追求名声和权力等；最后一种则需要去发现毫不自私的爱和利他主义的本能。

充满智慧而完整的一生该是能满足以上需求而毫不越界的。那些只是贪婪地追求身体欲望满足的人，是不明智的。而一个只片面追求智慧满足的人，即便他有着良好的道德品质，同样也是不明智的。还有那些终日为他人服务、毫不顾及自己的人，并不比前二者有更高的智慧。

你必须要有目的地去生活——不辜负你身体、意志、灵魂所具有的潜能，这要求通过不同方式调动自己的全部机能，同时毫不超过限度。超过限度就会导致其他方面的不足。渴望健康的背后是对丰富生活的渴求，所以，当你朝着健康前行时，一定要强化自己获得完整生活的目标，无论身体、观念还是灵魂都要齐头并进，而且在前进之时要满怀信念地契合上天的意志。

詹姆斯教授[①]曾经指出人类所具有的潜能是无限的，因为它取自上天用之不竭的能量池。精疲力竭的长跑运动员看似体能已达到极限，但如果通过特定方式继续奔跑，反而会焕发生气。他的能量奇迹般地得以更新，使得他能继续跑下去。如此反复，他甚至还能第三次、第四次、第五次地突破极限。我们不知道人的极限到底是什么，也不知道它能延展到何处。

但条件是运动员必须对自己的体能潜力有绝对的自信，他必须坚定地相信力量的到来，而且他必须继续跑下去。如果他对自己有丝毫的怀疑，他就会精疲力竭。如果他停下来静等力量的回复，恐怕总也不会等到能量的到来。正是靠他对力量的信念，靠他相信自己能够继续奔跑的

① 威廉·詹姆斯，医学博士（1842 ~ 1910），被称为“现代心理学之父”。

信念和决心，继续奔跑的行动让他获得新的给养，能够获得同力量之源的沟通。

通过类似的方式，病人如果对健康拥有毋庸置疑的信念，勇气能使其同上天的意志统一，他们就能用特定方式发挥身体的自发性功能，由此获得足够充足的能量来治愈疾病。

第八章

关于健康的小结

让我现在来归纳一下实践身心健康法则的思维活动和观念：首先你要相信源物质，它创造了万物，它以其原始形态弥漫、渗透、充斥着宇宙的每一个角落。源物质是生命的全部，并且还在更多生命上寻求表达。它是宇宙的生命之源，也是人类的健康之源。

人类从源物质中获取能量，源物质所构成的观念身体包含在肉体之内，观念身体的思维控制肉体的机能。如果一个人拥有健康的想法，他的身体就能呈现出健康的表征。

要想有意识地将自己同健康之源相联系，你必须让自己生活的各方面得以充实，满足身体、观念和灵魂所需，这将使你同所有的生命协调一致。

一个在意识和智慧上同健康之源和谐共生的人就会从上帝那里源源不断地获得生命活力，怨恨、自私或是敌意的心态会切断能量输送。针对任何方面的对抗都会切断一切联系——你会获得生命力，但只是本能和自动地，而并非是凭借智慧和有目的地。我在此推荐读者再去翻阅之前关于竞争观念和创造观念的内容（《致富法则》部分）。一个失去健康的人如果持有竞争观念，是不能重获健康的。

所以观念要时刻出于创意和善意，接下来是构想自己拥有完美健康的愿景，摒弃任何与之相悖的想法。要坚信：只要你牢牢把握健康的想法，你就能在身体上构筑健康的防线，要用意志去让自己只想那些健康的念头。

永远别去幻想自己体弱多病的样子，根本就不要把自己同疾病联系到一起，如果可能的话，让自己远离那些与疾病联系的环境，让自己的身边满是那些健康的事物。

要对健康充满信心，将它视为生命中的真实馈赠。健康是上天给你的祝福，要时刻充满深切的感恩。要相信这祝福属于自己，不要让任何与之相悖的念头出现在自己的观念当中。

用你的意志力去克制关注自己及他人的疾病表征，不要研究疾病、思考疾病，甚至去谈论疾病。不论任何时候产生疾病的念头，马上对你的健康表达感恩。

成就健康的思维活动可以归纳为一句话：构想健康自我的概念，并只幻想那些与之相协调的念头，带着信念、感恩和决心去生活，这就是身心健康的全部要素。

除了前面给出的指导，或是通过自我断言做事外，没有必要进行任何形式的思维训练，没有必要去关注那些受影响的身体部位，甚至都不要去想。不要对自己进行自我暗示，真正起到治愈作用的是你体内的健康之源，你只需让自己和万能的观念保持统一，坚信宇宙健康之源会在你的身体各处发挥作用。

要想让自己的心态充满信念、感恩和健康，你的外在表现必须符合健康的要求。外表病态是无法保持强大的内心的，你的每一个念头都应该是健康的，你的每一个动作也都该充满活力。只要你能让自己的观念、行动保持健康的状态，你的内在机能就必然能健康发挥，因为生命的能量正源源不断地作用到健康上来。

接下来，我们要探讨该如何让自己以健康的方式做出行动。

第九章

什么时间吃

光看静坐冥思或是发挥无意识、非自发性功能是无法保持健康的，你总要自发地做出一些行为，它们与生命的延续有着直接的联系。其主要包括：吃饭、喝水、呼吸和睡眠。

不管一个人的想法和心态如何，只有满足吃饭喝水，能够呼吸和睡眠，他才能得以生存。如果一个人不在意这些问题，他就绝难获得健康，学会正确地行使自发性功能也就显得至关重要。接下来我就要具体地讲解一下以上这些内容，首先从最重要的吃饭问题开始吧。

对于什么时候吃饭、吃些什么、如何去吃、吃多少等问题一直都是仁者见仁智者见智的，这些争论是没有意义的，只要想一下那辖制所有成就的法则（不管是财富、健康、权力还是财富），我们就很容易找到正确答案，那就是马上去做你能做的事情，用尽可能完美的方式去做出每一个行为，将信念的力量注入到行动中去。

消化与吸收的过程是被人意识的内部所支配的，即所谓的潜意识，为了便于理解，我将使用这一词语。潜意识支配所有的人体机能和过程，当身体需要食物时，它通过产生饥饿感来让我们觉察。

只要身体需要食物，就会产生饥饿感，而只要饥饿，那就是开饭的时间到了。没有饿意而进食是不自然的、错误的，不管需要进食的理由是多么充分。

只有感觉需要进食，消化、吸收的力量才能得以正常使用，潜意识会通过确定的饥饿感告诉你这一切的。

而且，当在毫无饿意的时候进食时，它们有时也能被消化吸收，但这是违背自然意愿的。如果长久下去，消化力就会被削弱，从而引发无数的疾病。

如果前述内容是真实的——这是毫无疑问的——那么最自然的进食时间（同时也是最健康的时间）就是选择在饥饿之时，而缺乏饿意时进食当然就绝不是健康的、自然的行为了。科学安排进食的时间很简单，饿的时候吃饭，不饿的时候不要吃，这才是顺应自然的行为。

我们不能混淆饥饿和食欲这两个概念，饥饿是潜意识里需要更多的物质来修补、更新身体并保持体温。只有当感到需要更多物质，有消化食物的能量时才会产生饥饿感。而食欲则是为了满足感官的欲望，酒鬼喜欢喝酒，但他并非真的需要；正常人不会对糖果产生饥饿感，而喜欢某些食物只是以一种欲望。你不会对茶、咖啡、辛辣食品或是风味食品产生饥饿感的，如果你渴望品尝，那不是饥饿感，而是食欲。

饥饿是自然的需求，它出于产生新细胞的需要，自然不会要求获得任何有悖这一需要的食物。食欲在很大程度只是一种习惯，如果一个人在特定的时候进餐、喝水，尤其是选择甜的、辣的等刺激性食物时，欲望就会在特定时间得以产生。但不要错把这种欲望当作饥饿，饥饿感不会在特定时间产生的，它只因为工作或是运动导致能量消耗而需要造就新材质时才会产生。例如，如果一个人在前一天摄取了足够的食物，一觉醒来后，他是不会真正地感到饥饿的，身体在睡梦中得以注入活力能量，白天摄取的食物得到充分的吸收——醒来后，人体并不需要食物，除非此人是饿着肚子上床的。

早餐只是为了满足食欲，而不是满足饥饿感。不管你是谁，你的身体条件如何，工作如何努力，除非你睡觉之前空着肚子，否则你是不会怀着饥饿感醒来的。

睡眠不会引发饥饿，只有工作才会。不论你是谁，工作环境如何，工作难易度怎样，“废除早餐计划”对你都是适用的，并且对所有人都是适用的，因为根据宇宙法则，饥饿感只有在该产生的时候才会产生。肯定有很多“享受”早餐的人对此提出质疑，他们觉得再没有比早餐更棒的了，这些人认为工作强度这么大，如果空着肚子，他们肯定支撑不到中午，诸如此类。这些观点在事实面前是站不住脚的。

偏爱早餐就像是有酒瘾的人清晨必须小酌一样，它所满足的是习惯性欲望而并非自然要求。将早餐当作享受的事就像酒鬼把晨饮当作最佳饮品一样，这些人本能地丢开这个习惯，事实上各行各业数以百万的人已经这样做了，而且他们活得很好。如果你打算按照身心健康法则生活的话，你必须学会只在饥饿的时候进餐。但如果起床之后没有吃饭，又该什么时候进餐呢？

在99%的情况下，可以在正午时分吃第一次饭。如果你做的是重体力活，这顿饭会让你大快朵颐；如果工作很轻松，你会刚好对一顿普通饭菜产生饿意。总的原则就是，如果你感到饥饿，就在中午时分吃第一顿饭，如果那时你还不饿，你就等到饿的时候再吃。

那么，第二餐的时间呢？

等到特别想的时候再吃吧——当你感到确实饿的时候。如果不是真的很饿就不要去吃。那些想搞懂这套进餐方法的人可以参看前文，你很容易在之前的内容中找到何时进餐、如何进餐等问题的答案。

答案就是：只在感到饥饿时才去用餐。

编者按：

在1910年发现维生素和卡路里（热量单位）之前，食物对于生命和健康所起到的作用尚未为西方世界所知。即便是在医生阶层中，很多人也不清楚发生在胃肠中的消化过程。肝脏、胆囊、胰腺的作用尚未被发现，无人晓得食物是如何得以吸收并输送到全身各处的。人体的细胞分裂过程则更是天方夜谭。

沃特尔斯先生认为，不论是体力还是脑力劳动都会消耗细胞，它们需要得以代谢，饥饿是身体需要重建细胞的信号。而睡眠则是恢复性的，不需花费任何劳动，就能促成能量的增长。因此他提出，睡眠不会引发饥饿，因为睡眠并不消耗细胞。

那么，“废除早餐计划”是否适合你呢？

首先要明白，身体在睡眠中完成生长和修补工作，因此从生理而言是会产生饥饿感的。当然，并不需要睡醒之后马上补充食物。前一餐的食物通过睡眠期间的消化能够满足身体所需。

很多睡醒后节食一段时间的人都会感觉很好。那些在乳牛场工作的人通常凌晨四点起床，经过差不多四个小时的劳动才会去吃早饭。还有一些人会先做些运动（散步、跑步或是游泳等），呼吸或是冥想之后才去吃饭。沃特尔斯先生告诉你要午时进餐，我们并不确知起床的时间该是何时，但是等到你饿时再去用餐不失为很好的建议。

如果你对醒来不进食或是长时间不进食感到不适，而你又没有血糖方面的问题，那问题可能出现在你吃的食物上，换些食物试试看。

还有一种不太常见的可能是同毒性有关，如果你曾置身于有害的物质（比如你或你的父母吸烟，或者出生的环境中常使用化学物质灭蚊或是消灭农田害虫之类的），这些有毒的物质残留于脂肪细胞当中，当机体燃烧脂肪时，毒素就会慢慢地被释放到血液当中，你的身上就会出现反应。如果你属于这种情形，去听听自然疗法医生的建议吧。

还有第三种情况，如果你的血糖情况特殊，时不时地要求加餐，身体就会感到饥饿。所以，解答“何时吃饭”问题的关键还要学会带着感恩、真诚、好奇、无条件的爱去“关注自己的身体”，而不要被习惯、恐惧、焦虑、社会习俗、他人的计划或想法所左右。

长时间节食安全吗？

如果你本已忍饥挨饿或是面容消瘦，连续数天甚至数周没有进食，等到饥饿时再吃饭会是安全的吗？造成这一情况包含很多生理、心理、观念上的条件，需要熟悉这些情况的医生做仔细检查。现代医学让我们已经有能力帮助一个人走出最艰难的阶段，当一个人极度虚弱不能进食时，我们甚至有办法不通过食道为其补充营养。但是，你要理解沃特尔斯先生在提及不饿时进食所说“食物不能被利用，这时候进食是不自然的、错误的”的来源。就药物疗效和进食习惯等问题，沃特尔斯从爱德华·胡克·杜威博士的作品里吸收了很多思想。你可以从杜威博士在1900年的作品中发现很多引人入胜的内容，废除早餐计划和节食疗法可以在其中的《有关进餐时间、内容和方式的历史笔记》找到。

可以一天只吃一顿饭吗?

沃特尔斯先生认为大多数情况下，一个人一天当中最多出现一次真正的饿意。如果一个人以高油、高蛋白的食物为食，这或许是对的。但是，我们知道健康需要从水果、干果、谷物等食物中获取营养，从食物中获取的纤维素也非常重要。这其中的很多食物，尤其是高质量的蔬菜，卡路里很低。要想维持身体所需，光吃一顿是不够的。

正如沃特尔斯先生所言，要听从内心的声音而不要只是满足口腹之欲。当身体需要时，你总是会很自然地想去吃身体所需的。如果没有尝试过一天只吃一次，不妨可以试试看；如果你发现自己忙得顾不上吃饭，这也不失为训练自己在观念上忽视食物、饮水、运动的机会。利用休息时间多去学习聆听身体的需要，如果你养成不停进食的习惯，你就失去了和身体对话的机会，花一两天时间去节食，你才会懂得什么是真正的饥饿。

第十章

吃些什么

现代医学、保健学仍然无法回答标题的问题：我们该吃些什么？素食主义还是肉食主义，生食还是熟食？门派和学说实在是太多了。每种理论都有支撑它的无数证据，但我们只是发现，如果指望这些科学家，那么我们永远也别想知道到底什么食物对人来说才是自然的。抛开这些争论不管，我们该问问自然本身，看看它给我们留下了哪些线索。

吃些什么的答案同样简单：上天为不同地区生活的人们提供了足量的完美食物，而且赋予每个人以足够的体力和脑力去识别可吃的食物，懂得食用的时间和方法。人类尚未掌握足以不去犯错的知识，自然为每个人提供了获得完美健康的足额装备。

在实践中，我们解决了该吃些什么的问题。这些食物往往是那些能适应环境的，当被人类食用时最是新鲜，内部充满了无尽的生命力。在获取食物时，一个人能与创造它们的自然之源近距离接触。所以要想知道该吃些什么，只要看看生活的地方都生长着哪些食物就可以了。

但一个人又该如何根据自身年龄、性别、血统、健康状况、体脑力劳动等选择食物呢？在同一地域提供的各种各样的食物，是通过人类的饥饿感和口味借以选择的。

一个人需要食物，将其作为原材料，在体内的健康之源引导下提供能量、热量、免疫、修补组织并促成其生长。他需要蛋白质、碳水化合物、脂肪、维生素和矿物质，这些只能从鲜肉、牛奶、血制品、鸡蛋、骨头、水生和陆生生物以及植物根茎叶中获得，引导人类与自然和谐相处，去发现获取食物的办法。个体的健康之源带动他的饥饿感和口味去找到满足其口味的特别食物。

食物有那么多来源，哪一种才是最适合的呢？一个人应该同自然合作去获取食物，一旦与自然作对，你就会走上歧途。为了说明这一点，让我们将与自然合作的人同那些对抗自然的人相比较一下。

不同的族群生活在气候千差万别的地区，他们各自积攒了上千年的饮食智慧，学会如何按照自然规律去收集食物，制作并加以食用。他们所获得的强健体魄和耐力，良好的视力和牙齿，长寿、技巧和敏捷度，脑力发达、道德水平、整体幸福指数等无不是完美健康的阐释。而且，他们还发现了健康繁衍、养育的秘密，不仅收获了快乐、健康的下一代，还杜绝了非社会化行为的出现。

那么，这些绝顶健康的人都有什么饮食秘诀呢？

- 他们只吃那些自然界存在并且能很容易制作的食物。
- 他们食不厌精，只吃最好的食物、食物中营养最丰富的部分。
- 他们荤素搭配。
- 生吃很多动植物食品。

- 视野生动物的骨头、器官同肉一样重要（甚至更重要）。
- 从家养的动物获得鲜奶（有时甚至还包括血），这些动物非常健康，饲以青草。奶酪、黄油和其他备用的奶制品也无不从鲜奶中获得。在其他季节里，喂动物吃高质量的干草。
- 对于一些族群而言，昆虫——不管是成虫还是幼虫——都不失为重要的食物来源，即便并不缺其他动物可吃。
- 在海边生活的人以海中生物为肉类的来源。鱼卵富含营养，但并非全年都能获得，通过将鱼肉、鱼卵晾干备用，保存并增加了其中的营养。
- 耕作的食物在生长和成熟期得以大量食用，在那些并非全年都可收获的地区，人们用保存其营养的方式留备冬天食用。
- 各种甜食只在特殊场合食用，控制食用精制糖及添加精制糖的食物。
- 种植用地使用自然物质施肥，并要每隔一段时间将其空置休养。
- 食用全麦食品或食用前现磨。
- 为女性在结婚和怀孕前、怀孕期及哺乳期提供额外的高营养食品。生育后留出三年时间让母亲照顾孩子，同时休养身体以备下次生育。
- 男人在准备当父亲之前也要获得额外的营养。
- 儿童得到精心的照顾，给他们营养丰富的食品来帮助其成长。
- 在某些时期有意减少食物供给或作为某些节日的习惯，人们会少吃甚至不吃。
- 人们会积极参与播种、收割、狩猎以及准备食物等活动，他们会集体举行感恩、庆祝等活动。

以上是世界上最健康的人的饮食经验，如果这些人放弃原有的生活方式，转而食用那些不够天然的食物。结果会如何呢？他们会得病、畸形、苦痛并做出种种非社会化的举动。

那么，不够天然的食物都包括什么呢？

它们是那些经过精炼、腌制后的食品，其中的自然物质消失殆尽，或是用糖、香味来掩饰营养物的缺失；它们是那些过期了的、毫无营养的食品；还包括那些从不健康的动植物中获取的食物，这类食物极易导致疾病。健康所需的是有活力的食品，它们要富含生命力，为健康的人所实践证明过的。

当今的城里人又该如何获得这些有活力的食品，并在生活中融合那些实践呢？首先要记住，一定要吃那些居住地域自然出产的。他要对健康之源充满感恩，感激所有人都能获得充足的食物，相信自己必能获得地域内的最佳食物来源。完美健康需要用信念、感恩、快乐同食物之源建立联系。只有在为所有人提供更多生命力的心态作用下，食物才能得以汇集起来。

一个人要么懂得播种收割、放养动物、捕鱼打猎来自给自足，要么必须去和那些能够为之的人交往。如果不能直接从自然中获得食物，一个人必须和那些能获得食物的人构建友好的关系。他可以通过感恩和智慧，来学习同那些与自然和谐共存的人打交道。

要想确定一位农夫或是猎手是否在生产、获得食物过程中遵循了自然法则，可以通过以下简单的标准来加以识别。

1. 食品的提供者自身是健康、快乐的，而且有着慷慨的品格。

2. 食物获得过程中没有使用任何有毒的物质。

3. 如果他饲养动物，动物都非常健康并能被善待，被喂以健康的饲料，并不以增加斤两或获取肉奶为目的。动物的生长环境是健康的，可以自由地活动，入圈只是出于安全的考虑。

4. 如果他捕鱼打猎，会在江河湖海、深山老林等动物自然生活的场所获取战利品。不管猎物是否用来食用，他都会尽可能地使猎物健康存活。

5. 如果他耕作，只会选择肥沃、富含生机并未经污染的土地。他会为土壤增肥，让土质富含营养。土壤和农作物是如此的健康，它们根本不会吸引病虫，而且鸟及其他益虫会吃掉所有的害虫。灌溉用水不含任何有害庄稼生长的有害物质。这些都是懂得用自然之法获得食物之人的特点。

你还要学习辨别那些值得与之联系以其他渠道获得食物的对象。不要和那些采购食品时言谈举止充满疾病、恐惧或是缺失的人来往；要和那些总是带着感恩和快乐欣赏食品品质的人交易，他们总是对食物的生长、收获、奉献、食用感到愉快，认为所有人都能获得足够充沛的优质食品。当你同那些卖给你农田的人、农夫、卡车司机、仓库管理员、厨师以及餐厅侍者打交道时，记住这些重要的建议。

不要吃那些漫不经心生产、运输出来或是类似前述的食物，这一点很容易做到。那些认为此举艰难的城里人不妨回顾一下获得财富法则，那么他所有的疑虑都将被打消。一个人总能在引导下获得他想获得的财富，将所有梦寐以求的财富吸引到他的身边。一旦一个人有各种各样有活力的食品可供选择，他该如何判断某一餐该吃什么呢？原则很简单：吃那些想吃的，你的身体总是反映健康之源的需要去促成完美健康。

你很容易确定身体需要什么，当你真的饿的时候，食物的念头会格外有吸引力，咀嚼食物变得无比幸福。吃饱喝足后，你的身体感觉能量得以恢复且会变得无比满足。从开始进食到下一天为止，你会毫无倦意、心态平和且没有任何不舒服的感觉。经过几天、数周、数月，你会一直感到精力充沛。

食物选择正确就会出现上述感觉，不要去管该吃什么或是不该吃什么，你总能希望获得那些正确的食物。体内的健康之源会引导你找到该吃的食品，这就像它能告诉你什么时候吃饭一样确定。

如果你能在确定感觉饥饿时用餐，你就发现自己不会垂涎那些不够天然、有欠健康的食物。如果你能同带来欢乐和感恩的食物之源取得联系，就能进一步增加对天然、健康食物的向往。但当一个人懒惰成性，放任自己被口腹之欲和奢华舒适所诱惑时，他也必将付出健康的代价。和自然和谐相处，你就会自然懂得什么是适合自己的，吃那些你想吃的食物。如果你用正确的方式进食，必定能获得很好的效果，我们将在下一章中详细讲解这个问题。

第十一章

进食的方法

人总是会很自然地咀嚼食物，我们不会去模仿一些标新立异的人，认为该去像低等动物一样狼吞虎咽、囫囵吞枣，我们都知道我们应该仔细咀嚼食物。我们越是彻底地咀嚼食物，整个过程就会变得更加自然和彻底。如果你能细细咀嚼每一口食物，丝毫不用担心能否获得足够的营养，因为你已经根据自然法则找到了最好的食物。

咀嚼对你来说是厌恶透顶还是欢欣幸福的过程取决于你进食前的心态，如果你心不在焉，心里正为业务或是家务事烦心，你会发现自己味同嚼蜡，不知不觉就把食物吞了下去。你必须学会让自己科学地进食，不要去管业务和家务事，这是你能做到的。

你也必须学会安排生活，不要让别人影响你享受进餐的过程。学着心无旁骛地把注意力放到食物上，进食需要平和的心态，要让自己进食前充满感恩，享受每一口食物带来的快乐。饭后，还要感恩灵性物质为你提供的生命力，这些观念都会有助于身体吸收食物中蕴含的活力，让体内的健康之源发挥建设性的效果。

你必须把全部注意力放在从食物中获得快乐上，不要去想其他事情，进食结束之前不要让其他事情扰乱你的注意力。要相信，一旦自己遵循了下面的指导，你就能分辨适合的食物，它们也就能让你保持健康：满怀喜悦地坐到餐桌旁，取用合适分量的食物。挑选那些自己最中意的，不要选那些你认为对自己有好处的——而要选那些自己觉得可口的。如果要想让自己保持健康，就必须放弃刻意追求健康的理念，要去做那些想做的事情。挑选自己最想吃的事物，真诚地感谢能够让食物得到很好的消化，让自己适度进食，细嚼慢咽。

不要把注意力放在咀嚼上，而要关注食物的味道。品尝它直到食物化为浓汁，不由自主地下到喉咙。不要去管花的时候有多长，只管想味道就是了。不要四处乱瞟，只去想接下来该吃什么。不要担心食物所剩无多，你不能每种都尝到了。不要猜测下一道菜的味道，全心去体会口中食物的味道，这是你要做的全部。

一旦你学会怎么去做，克服囫囵吞枣的坏习惯，健康而科学的进食方法就是一个充满快乐的过程。进食时不要多说话，别喋喋不休，把话留到饭后再说，要精力充沛。在大多情况下，养成正确的饮食习惯需要借助意志力。狼吞虎咽是不自然的，它多是内心恐惧的产物，总是担心别人会把我们的食物抢走，担心我们吃不到好的东西，担心我们会花的时间过长——让心态变得匆忙起来。另外还满心期待下一份甜点，心里希望快些得到它。有时你还会走神去想别的事情。这些心态都是需要你克服的。

当你发觉自己心不在焉，要马上对自己喊停。想一下正在享用的食物，它们是多么可口，这样将有助于你的消化和吸收。一遍又一遍地提醒自己，一顿饭起码要做上 20 次。持续几周或是几个月后，你肯定能养成细嚼慢咽的习惯，那时你就会体验到前所未有的健康愉悦。这一点至关重要，我还要反复提及，让它深刻到你的脑海中。只要有恰当的原料并充分发挥，健康之源就会积极地为你打造健康的体魄。

如果你想获得健康，你必须照此去做。你需要的只是一点点的坚持。除非你学会在狼吞虎咽这些小事上控制自己，否则空谈观念控制又对自己有什么用呢？除非你能带着进食的喜悦，让注意力至少有 15~20 分钟集中在食物上，否则精力集中对你有何意义呢？

继续战胜困难吧，不出几周、几个月，你就会让自己养成科学进食的习惯，你的身体和心态会为之一新，没有什么能让你重回老路了。

我们发现一旦一个人只抱有完美健康的想法，他的内部机能就会以健康的方式运转开来。要想只怀有健康的念头，一个人必须以健康的方式去发挥自发性机能，而最重要的自发性机能就是吃饭，你也发现了吧，用健康的方式进食并非难事。

我要对吃饭的时间、吃些什么以及吃饭的方式做一个总结，并说明其原因：

不管自己有多久没有进食了，只有当自己真切地感到饥饿时再去用餐，当身体需要能量时，潜意识就会通过饥饿感来表达这一需要。学会分辨何为真切的饥饿感，何为非自然的口腹之欲。饥饿并不是伴随着虚弱、头晕以及胃中阵阵折磨而让人难以忍受的感觉，相反，它是一种愉悦的、对食物满怀期待的心情。饥饿感不会准时或是在特定间隔到来，只有当身体准备接收、消化、吸收食物时，才会产生饥饿感。

吃那些你想吃的食物，从你生活区域里盛产的各种各样食材中进行选择。无限的智慧已经教给人如何选择食物，我当然会推荐那些能解除饥饿感的食物，而并非那些仅仅是满足口腹之欲的食品。神圣的本能会引导人们利用主食填补饥饿感。如果你选择这些食物，你当然也不会犯错。在愉快的环境里带着欢欣的自信去享受你的食物吧，每一口都要细细咀嚼，让自己享受这一过程，这就是唯一正确的吃饭方式，当你按照这一切去进餐后，结果必定会是有效果的。

获得健康的法则同获取财富是一样的，如果你成功地做好每一件事情，行动汇合起来就意味着不小的成功。当你带着前文描述的心态，用我所给出的方式去就餐时，整个过程就能以完美的方式完成，而且是成功地得以完成。如果你能正确地进餐，消化、吸收和打造健康身体的过程就会随之成功开始。接下来，我们来探讨所需食量的问题。

编者按：

是欲望还是饥饿感？

沃特尔斯先生认为："饥饿并不是伴随着虚弱、头晕以及胃中阵阵折磨而让人难以忍受的感觉，相反，它是一种愉悦的、对食物满怀期待的心情。"

首先要理解，沃特尔斯先生这席话是说给那些食物充足的人听的，而这并不适用于那些缺少食物的人，比如正身处饥荒的人。

其次，这席话对于那些有着食品过敏、饮食失调以及血糖问题的人而言或许很难理解，甜食、人工食品以及嗜酒也会让饥饿感发生紊乱。我要在此简要强调，如果你患有上述问题，推荐你去找自然疗法医生、饮食学家或是营养学家看看。

如果你有食物过敏症（或存在某种抵触），你会在进食后数小时内感到虚弱、痛苦、易怒。而你往往会渴求那些过敏的食物，很多对小麦或糖过敏的人偏偏想吃面包和甜食，这就是所谓的“非自然口欲”。

烈酒和甜食（包括果汁、苏打水及其他甜饮）容易引发“非自然口欲”，你总会在享用这些饮食后不加节制地想吃更多。

一些人很熟悉肠道酵母菌过度繁殖所导致的问题，酵母菌产生的酒精（新陈代谢的副产品）经吸收进入血液，引发类似饮酒的效果——“非自然口欲”。类似的生化失调最好求助于专业医生。

靠那些营养价值不高或是“空热量”的食物（多见于人工或深度处理的食物）果腹会让身体极度需要营养，饥饿信号会随之受到干扰：身体需要营养但不需要热量。一般情况下，一个人会选择继续多吃（更多的垃圾食品）来填补需要，这也是“非自然口欲”，最好的解决办法是去吃那些自然的高营养食品。

如果你有血糖控制问题（如低血糖、糖尿病），你的身体在渴求食物的同时还会释放虚弱、痛苦、易怒的信号，这倒是真切的饥饿感，你必须求助那些在利用营养控制血糖上有专长的医生。如果你的饮食失调，例如暴饮暴食或是患厌食症，那么会很难真正地觉察到饥饿感。同样，如果由于体质原因或是正在服药，那么会影响你对食物的渴求，饥饿感也就不那么可靠。在这种情况下，实践沃特尔斯先生的饮食计划就需要医生的帮助了。

第十二章

吃多少合适

我该吃多少才合适？这个问题一点都不难回答。要让自己有真切的饥饿感时再去进食，而当自己感到饥饿感得到缓解时就要停止进食，不要拼命地吃个不停。当你感到饥饿感得到满足时，就该知道吃够了。在你吃饱之前，你会持续感到饥饿的。

如果你照之前章节所讲的去做，恐怕你只要有正常饭量的一半就能感到饱意了。不管甜品多么吸引人，馅饼和布丁多么充满诱惑，要马上停下来，不要等到饥饿感已经早已缓解还在胡吃海塞。

在饥饿感得到缓解之后，你所吃的就只是在满足口腹之欲，绝非自然的需求。超过所需——只是一种放纵——当然只会带来伤害的后果。你必须仔细辨别，因为纯追求感官满足的习惯深植于每个人的观念当中，满桌的甜点和珍馐对于满足饥饿感的人来说诱惑无限，而结果却是坏的，贪图这些不健康的食品只会让自己的口腹之欲增长。

开胃酒也是如此，无非是让你吃得超过所需，使你的注意力不再放在饥饿感的满足上。你会发现如果能按照之前讲述的去做，再简单的食物也能品味出美味与奢华，因为你的味觉同其他感官一道得到发展，它是如此敏锐，哪怕是再寻常的食物也能让你体会到快乐。

饕餮之客并不如单纯缓解饥饿感的人那样能从饮食中获得乐趣，后者的每一口都能带来最大享受。饥饿感得以减弱的第一个暗示来自于潜意识给出停止进食的信号，实践健康生活准则的正常人会对健康需要如此少的食物感到惊奇。

食量大小取决于工作——需要多大的体力活，另外是对抗严寒的程度。冬天的伐木工终日挥舞着斧头，他们至少要吃两顿丰盛的大餐。但一位终日坐在暖和的办公室里的脑力劳动者所需要的则不及前者的三分之一甚至是十分之一。如果伐木工和脑力劳动者超过正常所需，超过自然需要的部分就会给生命力增加极大的负荷，削弱他们的能量进而引发疾病。

尽可能去品味食物的味道，但绝不要仅仅因为食物可口就去品尝。一旦感到饥饿感不那么强烈时，就要马上停止进食。

仔细思考一下，你就会除了采取上文的指导外别无他法。就像考虑吃饭的时间时，再没有比感觉真切的饥饿更适合的了，其他时间毫无疑问都是错误的。

那我们该吃什么呢？人们该吃生活区域内的最好产品，它们是最适合你的，而且上天已教给人们如何更好地去烹饪这些食物。

对于该如何吃，你已经知道该带着平和的心态去细嚼慢咽，食物被咀嚼得越是充分，效果就会越好。

我反复强调过，成功地做出每个行动就能获得成功本身，不论每个行动有多么微不足道，最后的事业注定不会失败。如果你能让每天过得成功，你的人生当然也不会失败。

伟大的成功是用成功的方式处理无数琐事的结果。如果每个念头都充满健康的观念，每个行动都用健康的方式做出，你会很快获得完美的健康。在就餐问题上，除了细细咀嚼，充分品味食物并保持愉悦的信念外，再没有比它更合乎生命法则的方式了。任何额外的举动或是减少其中的要求，都会让整个过程失去健康的效果。

对于该吃多少，你会发现也不会有比我给出的答案更自然、安全、可靠的了——感到饥饿感缓解时马上停止进食。我们依靠潜意识来提醒何时开始进餐，当然也要依靠它来告诉我们何时停止进餐。如果食物仅仅是用来填补饿意，而不会去满足口腹之欲，你就永远不会过度进食。如果你总是感到饥饿时才进食，你的食量就会刚好满足需要。

仔细阅读下一章给出的总结，你会发现健康的进食方式要求竟是如此的简单。

我们用简短的篇幅来介绍自然的饮水方法，如果你想做到绝对的科学，去喝水就好了，要在口渴的时候去喝，不管什么时候口渴都要喝水，当口渴缓解时就停止喝水。但如果你的饮食方式足够正确，那么饮水就不必这么严格了。你可以偶尔来上一杯淡咖啡，在一定范围内迁就身边人的习惯。但不要养成喝冷饮的习惯，也不要贪迷于甜饮。要在感觉口渴时找杯水喝，不要因为偷懒、特立独行、工作过于繁忙而忽视了喝水。只要你服从这些要求，你就不会想喝那些乱七八糟的饮料。饮水的目的是消除口渴，感觉口渴的时候就去喝，一旦口渴缓解就不要喝了，这是为身体提供液体补给最健康的方式。

编者按：

咖啡？

如果你的标准早餐是一杯咖啡，或者只有咖啡才能让你不再睡眼蒙眬，或者终日靠咖啡来让自己精神振作，或者停喝咖啡的念头让你感到生气，隐隐觉得受到威胁的话，咖啡对你来说意味着成为了一种药物。这种情况下，即便你按照健康的方式安排饮食，你的这杯咖啡也并非沃特尔斯先生所指的“偶尔来上一杯淡咖啡”。

如果你想获得健康，集中全力去提高自己向往健康的愿望，这要比追求任何有损健康的事物都更了不起。

第十三章

关于吃的小结

有一种物质弥漫、渗透、充斥着宇宙的每一个角落，贯穿在所有事物当中。这种物质并非仅仅是一种感应或是某种能量形式，它是一种灵性物质。它创造了万物，它既是万物，又贯穿于万物。源物质不停地思考并呈现出思考事物的形态，源物质之中的思维形式产生形式本身，思维形态构成了形态。缤纷复杂的整个宇宙之所以存在，是因为它处于源物质的思想当中。

人类就是源物质创造的形态，可以原创性地产生想法，想法蕴含着的控制力可以造就形态。有关条件的想法造就条件，有关形态的念头造就形态。如果一个人总是思考疾病的条件和形态，产生疾病的条件就会孕育而生。如果一个人只去考虑完美健康，体内的健康之源就会让一切保持正常的状态。

要想保持健康，一个人必须构想完美健康的概念，并在所有事情上保持与之相和谐的想法。他必须总是想着那些健康的条件和机能，任何时刻不允许不健康或是反常的念头走进你的观念当中。

要想只去思考健康的条件和机能，一个人必须以健康的方式去做出自发性行为。如果一个人认为自己的生活方式有误或是有欠健康，甚至哪怕对自己的生活方式表示质疑，他都不会建立一种健康的思维方式。

一个人如果以非健康的方式做出自发性行为，那么他同样无法建立健康的思维方式。自发性功能包括饮食、喝水、呼吸和睡眠，如果一个人的观念中只存在健康的条件和机能，而且以健康的方式表现出来，他就会毫无疑问地保持健康。

在进餐时，一个人必须懂得服从饥饿感的引导，他必须学会辨别饥饿感和口腹之欲，饥饿感和习惯性渴望是不同的。一个人只有当感到真实的饥饿感时才应去用餐，他要明白自然睡眠之后一个人不会真的感到饿，希望吃顿早餐不过是习惯使然，不应该违反自然法则用餐。他必须等待真正的饥饿感出现，一般来说，第一顿饭会在午时左右到来。

不论他的条件、职位、环境如何，一个人都必须恪守不饿不食的原则。他要懂得，忍饥挨饿一会儿也要比早进食要好，饿上一会儿不会对你造成伤害的，即便你工作的强度很大，但不饿的时候让肚子填满食物可就有害而无益了，不管你工作与否。如果你确定自己饥饿的时候才进餐，你就该相信自己以健康的方式生活。这是一个不言自明的道理。

对于该吃什么的问题，不要去管诸如生食还是熟食、素食还是肉食、需要碳水化合物还是蛋白质之类的争论，一旦你感到饥饿，吃那些你所在区域内健康群体所食用的食物。要相信结果必然会是好的，你绝对不会失望的。

不要刻意去寻找那些奢华进口、吊人胃口的佳肴，坚持吃简单朴实的食物就好，如果它们的味道确实差强人意，节食直到能接受它们。这样在吃什么的问题上，你就能以健康的方式发挥机能。我要重复一遍：如果你对粗朴的食物打不起兴趣，那你就什么都不要吃，等到真的有饥饿感时，这些普通的食物自然就会变成山珍海味，然后以你最喜欢的食物作为前菜开始进餐吧。

在如何进餐的问题上，一个人必须服从事理的引导。心思放在工作或是别的什么事情上就会引发匆忙和焦虑，让我们吃得过快，不懂得细嚼慢咽。生气或是干扰的环境也会影响消化，常理告诉我们：食物该被充分咀嚼，咀嚼得越彻底，消化吸收得也就会越好。我们还会发现，与那些狼吞虎咽、心不在焉的人相比，细嚼慢咽而且把精力放在进食过程中的人更能享受到进食的乐趣。

要想用健康的方式进食，一个人必须心无旁骛地带着快乐和自信进餐。他必须细细品味食物，把每一口咀嚼成汁。如果你能遵循之前给出的指导方法，就能让进食机能以完美的方式发挥出来。在吃什么、何时吃、怎么吃的问题上，我们不需要再作其他说明了。

对于吃多少的问题，一个人也必须听从内部智慧或者说健康之源的指引，它会告诉你答案。你必须学会当饿意得以缓解时停止进餐，你必须不要为满足口腹之欲进食。如果你服从身体内部的停止进食信号，你就绝不会饮食无度，而将以健康的方式为身体提供养料。

健康饮食是非常简单的，没有什么是一般人难以做到的。种种方法一旦付诸实践，就能让你的消化、吸收得以顺利完成，所有的忧虑和担心都会被置之脑后。一旦你感到饥饿，就要带着感恩的心去吃自然赋予你的丰富食物，享受它们给你带来的快乐。别去挑剔食物，多去赞美它，不要去讨论面前的食物是否有营养，甚至连想都不要去想。

如果餐桌上有不合你胃口的食物，不要去理会、批评或是表示反对。总是要愉快而专注地对待面前的食物，感谢上天你所得享的一切。坚持这些想法，一旦自己又像过去那样变得挑三拣四，开始产生错误的想法或是妄作评论时，马上让自己停下来并重新思考。

善于自我控制、自我引导是非常重要的，只有你能够实践简单而基础的进食方法才有可能做到实现这一目标。如果连这些都做不到，你也就无法在更有价值的事情上控制引导自我。另一方面，如果一个人能完全按照所给出的指导去做，他就可以确信自己以科学的方式去思考和进食。如果同时遵循后面章节给出的指导，你会很快让自己的身体保持健康的状态。

第十四章

呼吸：挺直腰板，放松胸部

呼吸的作用至关重要，它直接关乎生命的维系。我们可以数小时不休息，数天不吃不喝，但只要几分钟不呼吸，我们就无法存活。呼吸是非自发性的机能，但呼吸方法以及健康呼吸环境的选择则要靠人的主观意识。一个人当然可以对自己的呼吸不管不问，但他可以自觉地决定自己的呼吸环境、呼吸深度，而且可以让身体机能保持在最适合呼吸机能发挥的水平。

如果你想让自己健康的呼吸，那么将身体机能保持在最佳状态非常重要。你必须挺直腰板，放松自己的胸肌，肩膀前突、胸部僵硬的话是不能很好地呼吸的。工作的坐姿和站姿如果总是保持前倾，胸就会内凹，提过重或过轻的物体也会有同样的效果。

无论从事哪种工作，肩膀总会变得前倾，脊柱弯曲。如果含胸严重的话，深呼吸就会变得困难，健康当然就变成可望而不可即的事情。

我们发明了各种各样的体育锻炼来抵消工作的消极结果，比如手抓吊环或吊架悬垂，或是坐在椅子上，脚压在重物下身体后仰，直到让头碰到地面等。这些办法都是有效的，但很少有人能长时间坚持练习。任何形式的“健康锻炼”都会成为一种不必要的负担。

本来有更自然、更简单、更好的方式的。那就是让你自己挺直身板深呼吸，头脑中构想自己挺拔的姿势，只要一想到呼吸问题，马上让自己扩胸收肩，身体保持挺拔。同时要保持缓慢的呼吸，尽可能多地吸入空气，让它们多在肺里呆一会儿，仍保持收肩、胸部舒缓，试着在两肩之间舒展脊梁，最后轻松地将空气呼出体外。

这是使胸部有力、灵活的最好锻炼方法，直起腰来，深呼吸让肺部充满空气，舒展胸部，拉直脊背，轻松地去呼吸吐纳。无论何时何地都要去反复练习，直到让自己养成习惯，这对你而言是很容易做到的。

一旦踏出门去接触新鲜空气，请深呼吸；当你工作中想到自己的职位，请深呼吸；当你深夜惊醒，请深呼吸。不管你身处何地，正在做什么，只要一想到呼吸，就要挺直腰板深呼吸。如果你走路通勤，一路上要做这样的练习，你会很快发现它非常有趣，你会把它坚持下去，不单是为了追求健康，更是为了追求快乐。

不要把它当成是健康锻炼，健康锻炼、体操运动什么的是将疾病当作事实或是潜在的可能，经常锻炼的人会联想到更多的疾病，这恰恰是你不必去做的事。挺直腰板，做出强健的姿态本来是值得骄傲的事情——就像保持脸部清洁一样理所当然。同样，要像养成洗手、剪指甲的习惯一样去挺直背部，让自己的胸部保持充实而轻松。不要有一点生病的念头，你要么驼背要么挺起胸膛，如果你能挺直胸膛，你的呼吸自然会顺畅起来。在下面的几章中，我们还会提到健康锻炼的问题。你要呼吸新鲜空气，这非常重要，自然关注我们的肺部能否充满恰当比例的氧气，而且未被其他气体所污染。

不要认为自己在那些空气污浊的地方工作或是生活纯属迫不得已，如果你的房子通风很差，那就搬家；如果你的工作场所空气糟糕，那就另寻他处——借助之前讲过的《获得财富法则》，你能做到这一切。如果没有人能容忍工作场所的空气质量，雇主就会马上改善所有房间的通气状况。

最糟糕的空气首先是那些充满有毒有害气体的；其次是含有霉味、石棉纤维或是工业粉尘的；再次是空气污浊，氧气匮乏的——比如机舱、教堂、剧场等人群聚集之处，导致空气流通不畅。再有就是含有除氧气和氢气等自然空气成分以外的气体——污水味道以及腐败气体所散发出来的恶臭，相比之下，尘土或是花粉的味道倒都可以忍受。细小的有机颗粒不同于食物，在肺部会被过滤掉，但有毒的气体则会进入血液当中。我之所以说“不同于食物”是有道理的，空气大而言之就是食物，它是我们吸进体内的最完全的生物。每一次呼吸都承载着生命，泥土、花草、树木、庄稼、烹饪的食物所散发的气味本身就是食物，它们是释放物质中的极微小颗粒，让它们可以直接从肺部进入血液当中，不经消化直接被人体吸收。而且我们所处的环境中充斥着源物质，它本身也是生命。

当你想到自己的呼吸时不要忘了这些，要认识到自己正在呼吸生命物质。清醒的认识会有助于呼吸过程，要让自己不去呼吸有毒气体，也不要去呼吸被自己或他人所呼吸过的空气。

以上所说的就是正确呼吸的全部：脊梁挺直，放松胸部，带着对呼吸无尽生命的感恩去呼吸新鲜空气。这一切并不难，不要去多想自己的呼吸，只管去感谢上天让你懂得正确的呼吸方法。

编者按：

关于呼吸纯净空气。

我们很多人都清楚吸二手烟有害健康，知道吸烟对吸烟者和身边的人都没有好处；很多人都听过污浊的空气会导致肺部疾病。我们多会为避免闻那臭烘烘的或是让人直接中毒倒下的气味采取些防范措施。但是，据我所见，很多人会对那些效果并非立竿见影但会有巨大潜在影响的污浊空气熟视无睹或是漠不关心。

你几时看到那些粉刷浴室、喷散农药的人戴上面罩了？我们生活的环境里充满了成千上万种高毒性化学物质，关于它们的确切健康效果尚不为我们所知。摩登大楼里的循环空气也会因隐蔽的水管损坏而携带毒性霉菌。

那么，你该怎么做呢？关注沃特尔斯先生告诫我们不要去做的事情固然正确，我们又该主动去采取哪些明智的措施而不至于神经兮兮的呢？

最简单的办法是把注意力放在呼吸干净、清新的空气上，让自己每时每刻都不要缺少纯净的空气。无论是居家、工作、行车、户外，想办法让气流流通起来，不要让空气受到污染。如果你不得已要接触到化学物质或悬浮颗粒的话，戴上合适的面罩，不要呼吸到任何有毒物质。

在那些没有任何防护的场合，你就要动动脑筋了。不要花心思想汽车尾气多么有害，或是担心自己的健康正受二手烟的摧残。要转换思维方式，清洁空气正集中在角落里——赶紧去空气清新的地方。

如果你身边的空气不那么清新，而你又不能马上离开，那就把注意力放到别处清洁的空气上。如果空气还能承载生命，那就说明还有足够多的清新空气供你呼吸，你必须只去想象只有清洁的空气能流入你的肺。

第十五章

睡眠：保证有充足的新鲜空气

生命力在睡眠中得以恢复，生物无不需要睡眠。所有的动物都要有规律地休息。正是因为有了睡眠，我们才得以同自然界的生命之源保持接触，让我们的人生得以改观。正是因为有了睡眠，我们的大脑才焕发了生机，体内的健康之源输送出了新的能量。因此，用自然、正常、健康的方式睡眠无疑是一件至关重要的事情。

在研究过程中我们发现，睡眠时的呼吸较之清醒时更沉稳、更有力、更有节奏，这说明睡眠中需要更多的氧气，健康之源也需要从环境中获取更多用于更新的物质。

如果你希望自己拥有自然的睡眠，那么首先要看你呼吸的空气是否充足并清洁。医学家们发现露天睡觉对患有肺病的人有一定疗效。如果和本书所讲的生活和思维方式联系起来，你就会发现它对各种疾病都有效果。

要在睡眠时保证有充足的新鲜空气。要让卧室空气流通良好——就像睡在室外一样。要让门窗敞开，最好能保持通风。如果室内通风不便的话，睡觉时尽量让头离窗子近一点，让外面的空气能轻拂你的脸。不管天气有多严寒和恶劣，都要保持通风，让新鲜的空气进入到房间里来。必要时可以多盖几层被子保暖，但一定要源源不断地补充新鲜空气，这是健康睡眠的首要要求。

在死气沉沉的环境里，你的大脑和神经中枢是不会充满活力的。你必须要让环境生机勃勃，充满着自然的生命之源。我要强调，这一问题绝不可含糊，要让你的卧室完全通风，在睡眠时空气可以在室内外流动。如果你的门窗总是紧闭的，那么你的睡眠方式就不是健康的，你需要补充一些新鲜的空气。如果你所在的地方缺乏新鲜空气，请赶紧离开；如果你的卧室密不通风，赶紧搬家吧。

我们还要注意临睡前的观念，要明白睡眠达到的作用。躺下时要默想睡眠是最伟大的能量补充器，要相信自己的能量将会得到更新，醒来时会充满无限精力和活力。就像你进餐一样将决心注入到睡眠中去，睡之前要有意识地默想几分钟。

不要带着负面的情绪入睡，要带着快乐上床，睡前不要忘记去感恩。在闭上双眼之前要感谢上天给你指明了健康之路，让这种感念占据内心的最高位置。

睡前的感恩有着神奇的力量，它会使你体内的健康之源同它自身之源联系起来，让你在无意识中接收新的能量。你会发现做到健康睡眠非常简单，首先要在睡眠时呼吸到室外的新鲜空气；其次要在上床前花上几分钟去默想感恩，让你的内心同源物质相沟通。只要满足这些要求，让自己的观念中充满感恩和信心，所有的一切就会顺利完成。

如果你患有失眠，不要为之焦虑。在你清醒时要构想健康概念，对你拥有的丰富生活充满感恩。深呼吸，相信自己会正常入睡——你会的。失眠同其他疾病一样，一旦你按照思想和行动的指导激发健康之源发挥作用，它就会败下阵来。

你现在肯定理解用健康的方式行使自发性机能是完全可以非常轻松地实现的。健康之道总是最容易、最简易、最自然而且最富有快乐的。成就健康不会是无比困难或是异常艰辛的，你只要放弃任何做作的行为方式，用一种自然、快乐的方式去吃喝、呼吸、睡眠，让健康常驻自己的观念之中，你就能永葆健康。

第十六章

如果真的得了病怎么办

在构想健康概念的时候，很必要的一点是要把自己想象成健康而强壮的人，并带着这样的设想去生活和工作，让你对自己健康的形象形成深刻的认识。

接下来让自己的心态和行为表现与以上愿想相统一，不要脱离这一态度。必须让自己的想法牢牢地盯住希望得到的事物，你的想法带有何种状态和条件，你的身体就会出现同样的表征。要构想健康的概念，然后让自己的语言、行动、心态与之相协调。

注意自己的言辞，要让自己的每句话符合完美健康的要求。不要抱怨，不要说："我昨晚失眠了"、"身体的这一侧好疼"、"我今天感觉特别不好"之类的话，而要说"我希望今晚睡个好觉"、"我发现自己进步很快"等类似的话。只要是那些与疾病联系起来的因素，你都要将之置于脑后，将其彻底忘掉；而那些与健康有关的要素，要用想法和语言将其表现出来。

这就是全部要求：让自己拥有健康的想法、言谈和行动，而不要让想法、言谈和行动蒙上病态的阴影。不要去钻研那些医生读物、医学著作，或是与本书观点相悖的理论。它们会削弱你的健康信念，让你重回到疾病观念的老路上去。本书已经为你提供了所需的一切——毫无纰漏，并且绝无冗余的信息。

身心健康法则像算术一样精准，它包含的基本原则不容增删，否则就会出错。如果你严格遵循本书所给出的指导，你就会收获健康。这是你必定能做到的，不管是思想上还是行动上。

不仅要自己尽力为之，还要努力去影响他人。看到一些人病痛难忍时，不要只是无谓地同情，要尽可能地让他们充满积极的念头，依靠你的健康观念唤起他们的信念。

不要去听别人喋喋不休地讲他们的苦痛和症状，换个话题或者借故走开。宁可做个冷漠的人也要好过陷入疾病的念头中去，当你和那些只是愁云惨淡地谈及病情的人在一起时，不要理睬他们所说的话，要为你的健康而感恩上天。如果你实在不能摆脱这些人的想法，早点离开他们。不管他们怎么想、怎么说，你不需要用形式的礼节而受病态想法的毒害。如果能有更多的人远离那些对自己的病痛抱怨不休的人，整个世界就会朝着健康的方向大踏步地迈进。如果你放任他人肆意谈论疾病，就相当于是在纵容疾病的发展。

但如果真的得了病该怎么办呢？难道要忍受着身上的疼痛还要拼命去想健康的状态吗？没错，不要去抵抗病痛，而要将其视为一件好事。疼痛是健康之源造就的结果，用于克服某些非自然的情况，这是你该铭记在心的。

当你忍受痛楚时，要想象治愈的过程正在进行当中，要让自己的观念去配合并助其一臂之力。让自己的心态与促成病痛的力量协调一致——协助它，一直协助下去，毫不迟疑地去扩大战果。如果疼痛很严重，平躺下来，让自己的观念静静地去协助正在为你服务的力量。

这也正是实践感恩和信念的时候，要感谢引发疼痛的健康活力，要相信一旦它的工作完成，疼痛就会马上消失。要坚定信念，相信健康之源正在积极创造条件，痛苦马上会变得毫无必要。你会发现战胜病痛竟能如此简单，一旦你能用科学的方式生活下去，苦痛就会离你远去。

如果发现自己无力继续工作时，我是否该勉力支撑？我是否该像长跑运动员一样，期待突破极限，重新焕发生机呢？不，最好别这样。如果你以这样的方式去生活，结果会让你获得不到常人的能量，而你的体能消耗却会增大。如果你能让自己的观念同健康和气力相统一，用健康的方式去发挥自发性机能，你的能量就会日复一日地增加，但要有足够的气力去做你想做的事情还需假以时日。这时不妨休息，继续实践感恩。当你身体虚弱时，花上一小时去休息和感恩，相信自己拥有强大的能量，然后继续工作。当你休息时，不要考虑自己的虚弱，而要去想即将带来的气力。

永远不要让自己觉得正在向虚弱让步，当你休息时，要像临睡时所做的那样，把注意力集中到赐予你充足能量的健康之源上。

我该如何对付每年让无数人备受折磨的病魔——便秘呢？

别着急，读一下贺拉斯·弗莱彻的《基础营养学》你就会明白，如果你的生活方式足够科学，你就没有多少可供清理的废物。你自然选择的食物会自动为你料理好后续工作。

那些消耗3倍到10倍身体所需脂肪、肉类以及淀粉的饕餮之客会让体内堆满废物，而得不到自然食物的帮助，如果你能按照所学到的去生活，结果就另当别论了。

如果你只在产生真切的饥饿感时用餐，每一口都细嚼慢咽，饥饿感缓解时马上停止进食，而且细致烹饪食物，让它们能被我们更好地吸收的话，肠道中就没什么可排泄的东西。如果你能不去管那些关于便秘的医学读物和医生建议，不必过多地考虑这个问题，健康之源会为你料理一切。

但如果你满脑子都是对便秘的恐惧，那么一开始你会时常喝些温水，这样做是毫无必要的，只不过能稍稍缓解你对便秘的恐惧。只要你能看到自己的进步，食量在不断地削减，饮食方式非常科学，并把便秘的念头抛诸脑后，你就不必担心便秘的问题了。要完全信任体内的健康之源会赐予你健康的能量，用感念同万能的生命之源相沟通，愉快地享受你的人生。

该如何进行体育锻炼呢？任何人每天都该让肌肉得到全方面的锻炼，而参与一些运动和娱乐项目是最好的途径。要用自然的方法去锻炼——把它当作消遣，而不要单纯为了健康。骑马或是骑车，打网球、打保龄球或是玩抛球。培养诸如园艺的兴趣爱好，让自己每天在享受乐趣的同时得到好处。有成千上万种办法能让自己的身体得到充分的代谢，而且让你免于落入“为健康而锻炼”的桎梏当中。要去用锻炼来获得乐趣，锻炼是因为你过于精力充沛了，而并非是出于你想要变得健康一点或是保持健康之类的理由。

是否有必要长时间禁食呢？很少有这种情况。健康之源并不需要20、30或是40天来作准备。在正常情况下，饥饿感会在比较短的时间内产生，那些长时间的禁食者之所以感觉不到饥饿，是因为饥饿感被耐力所抑制，禁食者看过的有关读物让他对长时间的禁食有了期待，恐惧感延误了饥饿感的到来，他总是希望禁食期间越长越好。潜意识受到这一强大而积极的暗示影响，抑制了饥饿感的产生。

只要是出于自然的原因而感觉不到饥饿，都要积极地继续从事日常工作，直到感到有饥饿感时再去进食。不管其中的时间是3天、10天甚至更久，都应该在真正感到饥饿时才去进食。如果你总是高兴地坚定信念，相信自己能够保持健康，禁食就不会给你带来任何虚弱感和痛苦感。

无论你禁食的时间有多久，只要仍没感到饥饿，你就能做到精力充沛而且心情愉快。只要你按照书中指导的去生活，你就无须长时间禁食，每顿饭菜都会给你前所未有的感受。要在每餐前具有真实的饥饿感，而一旦你感到饥饿，就马上去进餐吧。

第十七章

健康法则纲要

健康是机体最自然的表现和正常的生活状态，宇宙的生命之源——灵性物质创造了万物，它弥漫、渗透、充斥着宇宙的每一个角落，它以无形的形态藏于由其造就的万事万物当中。

比喻而言：试想高扩散性的水蒸气可弥漫并渗透坚冰，冰来源于水，是水的存在形态，水蒸气也是水的形态，它正渗透进由其造就的形态当中。这一比喻解释了灵性物质是如何渗透进由其造就的所有物质形态的。所有造化来自于它，它就是万物。

源物质是一种思维物质，它会外化为自身的思想。它所具有的想法会产生形态。它的思想永不停息，时时刻刻在创造万事万物，让自身求得更充分、更完全的表达。这使得拥有完整的生命和健康的功能得以成为可能——即它总在追求完美的健康。

我们必须借助灵性物质的能量去获得完美健康，它是所有发挥正常机能的动力。

万物蕴藏着健康的力量，人能主动地让自己与其相联系，将其利用于自身，当然，他也能将思想与其彻底隔离开来。

人类是灵性物质的外化形式之一，因此其内部蕴藏着健康之源，如果这一健康之源能完全产生建设作用，就会让人体的全部非自发功能得以正常发挥。

人类是一种思维的存在，思想物质渗透进身体当中，身体状况受到思想的控制。

如果一个人的观念中只是装满健康的念头，完美健康的状态就会在他的身体上表现出来。要做到这一点，一个人必须首先构想自己完美健康的概念，以健康人的标准去做所有事，并将自己的所有想法与构想的概念联系起来，不要有任何疾病或是软弱的想法。

如果你能做到这些，并且用积极的信念去思考自己的健康，你就能促使体内的健康之源发挥积极的作用，治愈所有的疾病。信念能让一个人从普遍的生命之源中获得额外的能量，而带着感恩之心对生命之源的期待则会为你增强信念。如果一个人能有意识地去接收灵性物质源源不断带来的健康，并为自己获得的健康心存感念，他就能拥有坚定的信念。

只有当人能用健康的方式去发挥那些自发性机能，他才能完全拥有健康的观念，这些机能包括：吃饭、喝水、呼吸和睡眠。如果一个人能只去考虑健康，对健康怀有信心，并且用健康的方式去吃喝、呼吸、睡觉，他就必定能获得健康。

健康是用特定方式思考和行动的结果，如果一位病人懂得用这种方式去思考和行动，他体内的健康之源就能发挥积极效果，治愈他的疾病。

万物无不拥有健康之源，它与宇宙生命之源相联系，可治愈各种疾病，只要一个人懂得根据身心健康法则去思考和行动，他就能让它发挥作用。因此，每个人也都能做到永葆健康。

声明：本书中所提到的只是历史中出现的一种哲学思想，仅供读者参考，并不能作为正确无误的意识形态存在。特此声明！